女孩情商书 图解版

韦良军 蒋云蕙 蒋少 ◎编著

中国纺织出版社有限公司

内 容 提 要

情商的高低对于女孩的成长有非常大的影响，情商低的女孩在人际交往的过程中，常常因为思虑不周、不会说话等造成与他人之间关系紧张、尴尬。情商高的女孩则因为能够考虑到他人的需要，能够以委婉的方式表达自己内心的想法，并且能够管理好自己的情绪，而受人欢迎。

本书从情绪、人际交往、品质、信念等方面对女孩的情商进行了阐述，并且针对女孩提升情商给出了切实可行的有效建议，相信女孩们在阅读本书之后，对于如何培养和提升自己的情商一定会有更加深刻的感悟，也因此能够让自己有更出色的表现。

图书在版编目（CIP）数据

女孩情商书：图解版／韦良军，蒋云蕙，蒋少编著. --北京：中国纺织出版社有限公司，2022.10
ISBN 978-7-5180-8910-9

Ⅰ.①女… Ⅱ.①韦… ②蒋… ③蒋… Ⅲ.①女性—情商—通俗读物 Ⅳ.①B842.6-49

中国版本图书馆CIP数据核字（2021）第199257号

责任编辑：赵晓红　　责任校对：高　涵　　责任印制：储志伟

中国纺织出版社有限公司出版发行
地址：北京市朝阳区百子湾东里A407号楼　邮政编码：100124
销售电话：010—67004422　传真：010—87155801
http://www.c-textilep.com
中国纺织出版社天猫旗舰店
官方微博http://weibo.com/2119887771
三河市延风印装有限公司印刷　各地新华书店经销
2022年10月第1版第1次印刷
开本：880×1230　1/32　印张：7
字数：128千字　定价：49.80元

凡购本书，如有缺页、倒页、脱页，由本社图书营销中心调换

前言

曾经，人们误以为智商是决定一个人能否取得成功的关键因素。近些年来，随着"情商"这一概念的提出，越来越多的人开始关注情商，也有越来越多的心理学家投身对情商的研究之中。最终，他们证明在影响获得成功的所有因素中，智商只起到20%的作用，而其他方面的表现则起到80%的作用。在其他方面的综合表现之中，情绪智商也就是情商所起到的作用是最为关键的。

所谓情商，指的是人在情绪、情感、意志、耐挫折力等方面所具有的综合品质，因而也有人把情商称为综合智力。情商如此重要，很多父母也开始关注培养孩子的情商。很多孩子本身也认识到必须提高自己的情商。如果自己情商不高，如不会说话，不能很好地控制情绪，那么没有必要沮丧，要意识到情商并非完全取决于天生，而是更多地取决于在后天成长过程中的训练。

情商高的人能够发掘情感的潜能，运用情感的能力，影响生活中的人和事情，为自己创造更幸福美好的生活。现代人要想更好地生存，就必须培养和提升情商。通常情况下，情商高的孩子会更加自信、乐观，更加宽容、开朗，在学习上也充满动力。在遇到挫折的时候，他们从来不会怨天尤人，自暴自弃，而是能够踩着失败的阶梯努力向上，让自己最终战胜困厄。自古以来，很多成功者的智商也许参差不齐，但是他们的情商一定很高。

从生理的角度来说，女孩在情感和思维方面都与男孩不同。女孩非常敏感，更喜欢表达自己的情绪。她们相对脆弱，在遭遇困难和挫折的打击时，更容易选择放弃。她们安于现状，当生活的状态让她们满意时，她们很少有动力主动进行积极的改变，尤其是不想付出更大的努力创造崭新的生活。在人际交往的过程中，很多女孩都不愿意与人针锋相对，而更喜欢迎合别人。在面对机会的时候，女孩们往往不愿意积极勇敢地尝试或者争取机会，她们害怕遭遇失败，因而表现出缺乏自主性的特点。这些包含优缺点的特点对于女孩的成长产生了或者正面或者负面的影响。女孩在提升和培养自身情商的过程中，要针对自身的性格特点和行为表现，扬长避短，取长补短，从而让自己在这些方面有更好的表现。

现代社会中，人际交往逐渐受到重视，越来越多的人认识到，人脉资源对于成功是一个决定性因素。正因为如此，大多数人都在有意识地发展人际关系。对于女孩而言，只有掌控好自身的情绪，才能在人际交往中表现得更友好和善，也才能够与他人融洽相处。

归根结底，每个人都要为自己的人生负责，虽然在小时候女孩可以依靠父母解决大多数的问题，但是随着不断成长，女孩不能再完全依靠父母解决这些问题了，而应该努力创造属于自己的人生。

情商就像是一块吸力强大的磁铁。当女孩在生活中呈现出积极的状态，就能打造强大的磁场，吸引与自己志同道合的人来到身边；当女孩在生活中呈现消极的状态，女孩就会形成负面磁场，也吸引相同的人来到自己身边。由此可见，情商的高低决定了女孩生存的环境，决定了女孩未来的发展。女孩们，请做好充分的准备，培养和提升自己的情商，这样才能在生活和学习中有更为出类拔萃的表现，也才能在人生的广阔天地中纵情驰骋。

编著者

2022年7月

目录

第01章 情商高的女孩运气好，情商是女孩幸福的基石 // 001

情商关乎未来 // 003

高情商的女孩要认识自我 // 007

高情商的女孩坚持完善自我 // 010

高情商的女孩遇事想得开 // 014

高情商的女孩会说话，会办事 // 018

第02章 情商高的女孩人缘好，走到哪里都能受到欢迎 // 023

不要让害羞毁掉你的社交 // 025

高情商的女孩要戒掉"公主病" // 030

幽默的女孩人缘好 // 033

高情商的女孩要学会拒绝 // 038

自助者，天助也 // 041

第03章 情商高的女孩更自信，不去过分在意别人的看法 // 045

摆脱自卑 // 047

积极的自我肯定很重要 // 050

积极行动胜于一切空想 // 053

走自己的路，让别人说去吧 // 057

勇敢挑战，无所畏惧　// 061

第04章　情商高的女孩更独立，有主见才能走好自己的路　// 065

自立自强方能成功　// 067

每个人都是独立的生命个体　// 070

做有主见的女孩　// 074

选择了，就要坚持　// 078

走出自己的人生道路　// 082

第05章　情商高的女孩不抱怨，努力提升自己不强求他人　// 087

不抱怨，正向表达　// 089

清除毫无意义的烦恼　// 092

远离爱抱怨的人　// 097

寻找有效的方法解决问题　// 101

乐观面对，才能给自己疗伤　// 104

第06章　情商高的女孩不计较，今天吃的亏是明天的福报　// 109

不要斤斤计较　// 111

吃亏是福　// 114

要有博大的胸怀　// 117

慷慨地对陌生人付出　// 121

　　　　记得别人的帮助 // 125

　　　　学会宽容他人 // 128

　　　　宽容自己 // 131

第07章　情商高的女孩懂感恩，美好的心灵让女孩更动人 // 137

　　　　女孩要诚实守信 // 139

　　　　拥有感恩的心 // 142

　　　　助人就是助己 // 145

　　　　善良的女孩最美丽 // 148

　　　　尊重他人，才能赢得他人尊重 // 151

第08章　情商高的女孩好心态，保持乐观而不执着于成败 // 155

　　　　微笑面对生活 // 157

　　　　满怀乐观，远离悲观 // 160

　　　　看淡名利得失 // 163

　　　　拥有平常心的女孩最快乐 // 167

　　　　放弃也是一种智慧 // 170

第09章　情商高的女孩有胆识，决不让恐惧阻碍自己前行 // 175

　　　　激发潜能，敢想敢做 // 177

　　　　情商高的女孩要有胆识有魄力 // 180

　　　　超越恐惧，勇敢前行 // 184

　　　　挫折不是绝境 // 187

　　　　吃过苦才知道甜 // 190

第10章　情商高的女孩会理财，幸福生活从点滴积累中来 // 195

　　　　不当拜金女 // 197

　　　　学会理财 // 200

　　　　用劳动创造财富 // 203

　　　　坚持聪明消费 // 206

　　　　不攀比，不浪费 // 209

参考文献 // 214

第01章

情商高的女孩运气好，
情商是女孩幸福的基石

第01章　情商高的女孩运气好，情商是女孩幸福的基石

情商关乎未来

自从情商之父丹尼尔首次提出了情商的概念，越来越多的人开始关注情商，越来越多的心理学家开始深入研究情商。也许我们无数次听说过情商，但是我们对于"到底什么是情商"这一问题依然没有准确的解答。很多人都习惯于把情商和智商放在一起比较，这是因为一直以来人们认为智商是非常重要的，它关系着一个人成功与否，关系着一个人幸福与否。和智商相比，情商和智商一样重要，甚至比智商更加重要。一个人如果智商低，那么他在学习方面也许会处于劣势，但是只要他情商高，善于与人交往，也能够控制好自己的情绪，就能为自己创造充实精彩的人生。如果一个人的智商很高，但是情商却很低，那么他也许在学术研究方面有很高的造诣和成就，但是在与人打交道时，却往往面临着各种各样的困难。

现代社会中，每个人都要生活在群体之中，不可能只靠着自己的力量就做好每一件事情，所以团结与合作也就成为重中之重。情商低的人不懂得如何与人打交道，也不知道如何把自己融入团队之中，发挥情商的强大力量，这使得他们很难成功。

有了这个认知之后，社会科学家提出情商比智商更为重要，情商关系着人们能否在生活和工作中获得成就。的确如此，细心的朋友们会发现，在现实生活中，有些人智商很高，却怀才不遇，一事无成；而有的人智商不高，但是情商很高，因而能够成为出类拔萃的管理者，也能够在集体之中处理好各种人际关系。又或是因为他们性格开朗，积极向上，所以他们才会得到更多的助力，把握更多的机会，最终创造出属于自己的成就。由此可见，情商在某种意义上决定了人生和未来，所以女孩一定要注重培养自己的情商，为自己的成功奠定良好的基础。

曾经，人们误以为智商是至关重要的，认为一个人必须获得很高的学历才能找到好工作，拥有幸福的生活。最终，事实告诉我们，一个人即使拥有很高的学历，但是如果他性格孤僻，不善于与人打交道，那么也不能融入团队之中，不能做到与他人精诚合作。众所周知，只凭着一己之力是不可能获得成功的。有些人虽然学识渊博，但是却没有独立生活的能力，必须依靠父母的照顾才能更好地生存下来。这样一来，他们与父母之间的关系就会变成依赖与被依赖的关系，他们也就无法作为独立的个体创造属于自己的美好生活。

现实生活中，一些智商高、学历高的人，工作上并不很出色，原因可能与他们的情商不高有关。他们在人群中格格不入，在单位中也不能够把握机会，推动自己获得成功。反而是那些智商平平情商却很高的人，在人际相处中游刃有余，不管是面对上司还是下属，他们都能够察言观色，把话说到他人的

第01章 情商高的女孩运气好，情商是女孩幸福的基石

心里去，逗得他人哈哈大笑，可想而知，这样的人不管走到哪里都会很受欢迎。

也有一些所谓的才子，因为受到了打击，就马上一蹶不振，或者即使面对小小的困难也立刻缴械投降。相反，真正高情商的女孩，即使遇到了艰难坎坷，也决不放弃。她们深知人生不如意十之八九，所以哪怕生活再不如意，她们也能够坚持不懈地做好自己该做的事情，最终到达柳暗花明又一村的人生境界。

丝丝是一个非常优秀的女孩，她的父母都是老师。在父母的严格管教和耐心教导之下，丝丝不但学习成绩好，而且非常乖巧，不管做什么事情都能让爸爸妈妈满意。偶尔，丝丝因为不小心犯了错误，爸爸妈妈就会无休无止地唠叨她，批评教育她，这使得丝丝变得越来越谨小慎微。每当决定要做什么事情之前，她都会先看爸爸妈妈的脸色。

在父母的规划之下，虽然丝丝考上了名牌大学，但是她并没有获得很好的发展。进入大学之后，由于没有了父母在一旁指导，丝丝感到手足无措。她每天只知道学习，从来不愿意花费时间和同学交往，虽然开学已经半年了，但是丝丝却只认识班级里少数的几个同学，和大多数同学连招呼都没有打过。看到丝丝是个不折不扣的书呆子，同学们都暗暗地疏远她。

大学毕业后，在父母的安排之下，丝丝进入了政府部门，从事文员的工作。她在工作上虽然没有大错，但也从来没有创

新，更没有功劳。几年之后，因为政府部门进行精简，丝丝就被清退下来了。下了岗的丝丝什么事情都做不成，感到非常无助。这个时候，爸爸妈妈也已经老了，他们没有能力再继续帮助丝丝。丝丝开了一家小超市，卖一些日常生活用品，过着饥一顿饱一顿的生活。

一个人哪怕有再高的学历，却没有情商，那么他的学历就会成为一纸空文，成为一种毫无用处的摆设。在这个故事中，丝丝的高学历就是如此。丝丝从小就习惯了在父母的安排下按部就班地走好人生的每一步，这使得她没有独立生活的能力，也没有自己的主见和思想。在丝丝小时候，父母还可以给丝丝一些指导和切实有效的帮助，等到丝丝长大了，父母老去了，父母就不能再继续为丝丝安排好一切事情了。

丝丝的失败也许是因为她的情商太低了。如果丝丝有着很高的情商，具有独立自主的见识，那么她即使学习成绩不好，也能够过得风生水起。对于每个人而言，情商都将与我们相伴一生，所以我们要认识到情商无限的价值。通常情况下，情商高的女孩性格非常活泼开朗，具有很强的社交能力，她们既能够在人群之中享受那份喧嚣与热闹，也能够在独处的时候品味孤独与寂寞。春风得意时，她们绝不张狂；沮丧失意时，她们也不落魄。正是因为有如此强大的内心，她们才能坦然地面对人生中的各种境遇，也才能始终坚持激励自己，督促自己，快乐地成长。

第01章　情商高的女孩运气好，情商是女孩幸福的基石

高情商的女孩要认识自我

你认识自己吗？看到这个问题的时候，很多女孩一定会毫不迟疑地回答："我当然认识自己啦，我是这个世界上最熟悉我自己，也是最了解我自己的人！"但是当这么回答完之后，反观自己的内心，你会发现自己对于这个答案产生了疑惑。因为当你细想时，就会发现你并不了解自己，你也不能客观公允地评价自己，更不能够把所有的能力都最大限度地发挥出来。每个人都是自己最熟悉的陌生人。

什么时候才需要认识自己呢？在日常生活中，我们每天忙忙碌碌，做着自己该做的或者喜欢做的事情，也做着自己不得不做的事情。我们往往没有时间反思自己，而在等到真正反观自己的内心时，才会发现一旦遭遇坎坷和挫折，我们就会忍不住想要放弃。面对失败，我们也会感到很沮丧，忍不住张牙舞爪，认为自己是最了不起的。如此轻易地受到外部环境的影响，使得我们对于自己的成长不能把握好节奏，使得我们的内心如同坐过山车一般忽上忽下。

高情商的女孩必须客观正确地认知自己，才能在学习和工作中激发自己的潜能，从而做出更好的成绩，获得自己梦寐以求的成功。很多女孩对于生活总是感到不满意，还常常抱怨生活。她们自以为非常努力，却没有在生活中获得最好的一切；她们觉得自己已经尽全力去拼搏了，却始终被命运开一些残酷的玩笑。实际上，这一切的境遇都是女孩的心态导致的。高情商的女孩会认识到，命运对于每个人都是公平的，命运在给一个人关上一扇门的时候，也会给这个人打开一扇窗，所以能够坦然面对和接受命运赐予的一切，安之若素。

情商低的女孩或者过高地评价自己，狂妄自大，或者过低地评价自己，自卑失落。高情商的女孩呢？既能客观公正地认知自己，也能恰到好处地评价自己。她们认识到自己既有优点，也有缺点，既有长处，也有不足，所以在做很多事情之前，她们会综合衡量自己的能力，对于事情的结果也会做出预估。在获得成功之后，她们并不会喜出望外，得意忘形；当面临失败的时候，她们也不会妄自菲薄，自轻自贱。她们始终坚持听取他人的意见，如果他人的意见是合理的，她们就会积极地采纳；如果他人的意见是不合理的，她们就会在全面考虑之后选择坚持自己的主见。

认识自己是如此重要。遗憾的是，现实生活中有很多女孩对于自己都缺乏认知和了解。现实生活压力这么大，工作的节奏这么快，每个人都行色匆匆，如同旋转不停的陀螺一样片刻也不敢停歇。在这样的情况下，我们又如何能够放慢生活的脚步，实现自己渴望和梦想的一切呢？不管何时，我们都要摆正自己的位置。只有遵从自己的内心，听从自己内心的指引，对于自己有正确的认知，才能始终为人生把握好方向。

现代社会中，很多人之所以落魄失意沮丧，甚至被生活逼上绝路，就是因为他们不能正确地认识自己。楚汉争霸时期，

第01章 情商高的女孩运气好,情商是女孩幸福的基石

刘邦打败了西楚霸王项羽,逼得项羽在乌江自刎。这并不意味着刘邦的能力远在项羽之上,而是因为刘邦非常善于任用人才,不像项羽那样孤傲自负。正是因为如此,刘邦才能召集天下人才为自己所用,也才能在诸多左膀右臂的帮助下打败项羽。

对于青春期的女孩来说,更是要冷静地反观自己的言行举止,认识自己的内心世界。很多青春期的女孩情绪易波动,在做很多事情的时候往往情绪波动很大,常常会在愤怒和冲动的驱使下做出一些失去理性的事情。这都会使女孩的心理成长面临很多困难和障碍。所谓认识自己,就是给自己一个定位,知道自己处于怎样的位置上,因而不会过于低估或者过于高估自己。即使遭遇失败,也能够积极地从中汲取经验和教训,踩着失败的阶梯,不断地努力向上,距离自己的目标越来越接近。

真正能够做到正确认识自己的女孩,既能够始终保持谦虚的心态,也能坚持友善地对待周围的人和整个世界。她们的情商非常高,不管在什么情况下都能发挥自我认知的能力,能够及时反思,这使得她们始终处于进步和成长的状态之中。具体来说,女孩如何才能正确地认识自己呢?

显而易见,反省是必不可少的。很多女孩明知道自己做错了,却不愿意反思自己错在哪里,更不愿意积极改正错误的言行举止,这就会使她们在错误的道路上越走越远。情商高的女孩在每天结束的时候都应该反思自己,这样不但可以加深对自己的了解,还能够激励自己坚持进取,让自己获得更大的成功。

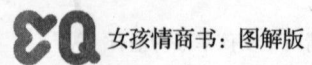

高情商的女孩坚持完善自我

进入青春期之后,女孩的身体快速地生长发育,这使得她们的体形发生了很大的变化。女孩的身体状态虽然越来越接近于成人的身体,实际上她们的内心还是非常稚嫩的。在这个阶段里,女孩无比渴望独立,这是因为她们已经厌倦了凡事都依赖父母做出决定,听从父母指令的生活。她们的自我意识越来越强烈,觉得自己已经长大了,想要很快地独当一面。这个时期,女孩因为缺乏生活经验,也没有掌握足够多的知识,所以分辨能力还是比较差的。她们虽然有是非观,但是却很容易冲动,看问题往往非常片面;她们虽然有一定的控制能力,但是当情绪冲动的时候,她们的控制能力就会急速降低。为了让自己在青春期有更好的表现,高情商的女孩会致力于完善个性、完善自我,这样她们才能全面发展,也才能约束自己过于激烈和冲动的言行举止,从而给人留下良好的印象。

在这个世界上,没有任何人的性格是绝对完美的,以致于能够得到所有人的喜爱,所以我们要正确认识自己在性格方面存在的诸多缺点。这些缺点虽然会给我们带来一些麻烦,但是它们的存在是理所当然的。古人云,金无足赤,人无完人,缺点的存在会让我们显得更加完美。高情商的女孩不会因为自己有缺点就盲目地否定自己,而是会认识到缺点存在的必要性,从而更加健康快乐地成长。虽然每个人都无法改掉所有的缺

第01章　情商高的女孩运气好，情商是女孩幸福的基石

点，但是我们却可以尽量改善自己的行为，完善自己的生命，在此过程中，我们也会距离自己理想的样子越来越近。

佩佩是班级里的学习委员，她的学习成绩非常优异，每次考试都是班级里的第一名。她的优异成绩让爸爸妈妈感到很骄傲。最让爸爸妈妈开心的是，佩佩还是一个乐于助人的孩子。每当班里有同学在学习上遇到困难，她就会为同学解答难题。看到佩佩这么热心肠，老师常常号召同学们向佩佩学习。

很快，就要进行期末考试了。佩佩铆足了劲要在这次考试中获得好成绩，因为这次考试是全区统考。以往，佩佩考的是全校第一，这次佩佩的目标是要考到全区第一。佩佩投入了紧张的复习之中。这天体育课上，佩佩正在看同学们踢足球，突然一个球飞到她的头上，重重地砸了她一下，把她砸得头昏眼花。佩佩当即摔倒在地上，老师和同学们赶忙把佩佩送到医院，又通知了佩佩的爸爸妈妈。医生在给佩佩做了一系列检查之后，担心佩佩会有脑震荡的风险，所以要求佩佩留院观察两天。得知这个结果后，佩佩沮丧地对妈妈说："马上就要进行全区统考了，我要是耽误两天的学习，肯定考不到第一了。"妈妈关切地对佩佩说："虽然学习也重要，但是身体健康更重要。就算这次统考不能考取第一也没关系，将来还有其他的机会呀！"妈妈正说着话，那个把球砸到佩佩头上的男孩和爸爸妈妈一起来了。他非常羞愧地站在佩佩面前，向佩佩道歉。佩佩原本想指责这个男孩，但是看到男孩伤心的样子，她又不忍

心指责他了。这个时候,男孩的爸爸妈妈赶紧向佩佩道歉。佩佩对男孩的爸爸妈妈说:"叔叔阿姨,没关系,他也不是故意的。我希望我能够在两天观察之后,赶快回到学校学习,我还想在统考中考第一名呢!"听了佩佩的话,男孩的爸爸妈妈羡慕地对佩佩的妈妈说:"你们可真是养了一个好女儿呀,不但品学兼优,还这么乖巧懂事。"这时,那个男孩对佩佩说:"佩佩,你放心吧,我每天都来看你,向你传达老师的信息。我还会把作业也告诉你!"男孩话音刚落,佩佩高兴地笑了,她很庆幸自己没有指责男孩而是选择了宽容。

在受到伤害的时候,人都会产生自我保护的意识,非常抵触伤害自己的人。佩佩虽然品学兼优,是个不折不扣的好学生,但她毕竟是个孩子,在思考很多问题的时候也会有局限。例如她最直接的反应就是指责那个把球踢到她头上的男孩,但是等到冷静下来想一想之后,她发现这个男孩却不是故意的。另外,这个男孩很愿意尽量弥补自己的过失,为佩佩做更多的事情,所以佩佩选择了原谅他。

很多女孩都会有感情冲动和心思狭隘的表现,尤其是在当受到他人伤害的时候,女孩往往因为激动而不能保持冷静的思考。实际上,作为女孩,一定要认清楚一点,那就是必须调整好情绪状态,这样才能够坚持理性思考。如果女孩坚持完善自我,那么女孩在各个方面都会更加快速地成长。具体来说,女孩应该如何完善自我呢?

第01章 情商高的女孩运气好，情商是女孩幸福的基石

首先，要把完善自我当成生命中最重要的事情，坚持做好。完善自我并不是一蹴而就的，尤其是在琐碎的现实生活中，更是会经常发生各种各样的意外，这些意外会引起女孩的情绪波动。女孩应该从细节出发，让自己的个性从棱角分明到变得光滑圆润，这样当再次遇到类似的情况时，女孩才能戒骄戒躁，从容处理。

其次，在发生问题的时候，不要急于把责任推卸给他人，而是应该从自身的角度进行反省和反思。女孩应该有自我批评的精神，这样才会知道很多事情责任不是完全在他人，如果自己能够把事情做得更好，那么结果就可能会变得不同。

再次，女孩要多多读书，通过了解书中的人物，受到书中精神的感染，这样才能完善和充实自己的心灵。

最后，女孩要在生活中为自己树立榜样，这个榜样既可以是父母，也可以是老师、同学，还可以是朋友，甚至是陌生人。榜样的来源没有限制，只要能够对女孩的成长起到积极正向的引导作用就是好榜样。当然，这么做的前提是女孩要谦虚，知道自己还有很大的进步空间，才能主动地在很多方面争取做到更好。

每个女孩都不是十全十美的，女孩即使认识到自己的缺点，也不要慌乱，而是要知道每个人都有缺点和不足。只用坦然的心态面对自己的优点和缺点，才能扬长避短，也才能让自己更好地成长。

高情商的女孩遇事想得开

很多女孩的心思都是非常细腻敏感的,哪怕外界有小小的风吹草动,女孩的心中都会泛起涟漪。有些女孩因为自卑而特别敏感,他人的一句无心之言,她们也可能会牢牢地记在心里,由此伤心愤恨。因为一件小小的事情没有取得成功,她们就会自我否定,认为自己毫无用处。不得不说,当女孩陷入消极自我评价的怪圈里无法自拔的时候,她们的内心就会深受打击。

在遇到那些突如其来的伤害或意外事故的时候,高情商的女孩不会让自己受到这些负面事情的影响,更不会做出一些失控的举动。相反,她们会坚持自我激励。所谓自我激励,就是给自己更中肯的评价,能够在想不开的时候解开自己的心结,让自己坚持努力下去。高情商的女孩懂得自我激励。也许她们长得不够漂亮,或是没有优渥的家庭环境,但是她们始终都充满自信。她们知道自己一定可以做到最好,也知道自己能够创造生命的奇迹。这样的女孩无论在怎样的场合里,都会因为自信而变得璀璨夺目,也能够成功地吸引他人的关注,成为现场的焦点。尤其是在遇到危急情况的时刻,女孩的沉着冷静和有条不紊将会让她得到众人的钦佩。

曾经有心理学家对那些事业有成和功成名就的人进行过深入的研究,最终发现自我激励者未必都获得了成功,但是那些成功者都是非常善于自我激励的。他们即使遭遇了失败和打

第01章 情商高的女孩运气好，情商是女孩幸福的基石

击，也决不气馁沮丧，而是能够进行更深入的思考，发现自己哪些地方做得好，哪些地方做得不好，进而进行积极地改正。即便是在当事情看似非常困难，甚至无法继续进行下去的时候，他们也不会轻而易举地就选择放弃，更不会自暴自弃。他们深知，必须坚持到底才能获得成功，为此他们不断地鼓励自己，坚信自己一定能够取得成就。

有的时候，只是在心理上暗示自己并不能达到良好的效果，因而他们还会给自己语言上的鼓励。例如，告诉自己"我很棒""我一定能行"，或者是在家里的某个地方贴上便签条，写上"坚持到底就是胜利"这样的激励语。当高情商的女孩坚持这么做的时候，她们哪怕遇到再大的困难，也不会产生动摇。要知道，虽然机会对于每个人都是均等的，但是只有那些真正的勇敢者，只有那些每时每刻都做好准备抓住机会的人，才能因机会而受益。

当然，女孩还要做到这一点，那就是想得开。很多情商低的女孩遇到事情想不开。例如，当考试成绩不好的时候，她们就会自怨自怜，抱怨自己没有好好学习，抱怨自己在考试当天的状态不好，甚至抱怨父母在考试当天没有给她们做一顿丰盛的早餐。而高情商的女孩能够想得开，她们不管遇到怎样的打击，都会从自身出发寻找原因，与此同时，她们还会尽快忘记这些不愉快，从而让自己轻装上阵，努力向前。

在这次期中考试，晓琪的成绩非常不理想。原本，晓琪在班级里的成绩处于前十名，但是这次考试失利了，只考了到了班级二十多名，这也就意味着她的学习成绩下降到班级中等偏下的水平。

看到自己的名次因为一次考试而产生了如此大的变动，晓琪无数次地抱怨自己为何不能够仔细看题，为何不抓紧时间完成试卷。看到晓琪这么痛苦，好朋友加加对晓琪说："晓琪，你为什么这么不开心呢？这场考试已经过去了，如果你继续沉浸在负面的情绪中，不能全力以赴地学习新知识，进入新一轮的复习之中，那么你下次考试的时候还会更加糟糕。"好朋友的善意提醒让晓琪感到非常羞愧，她对好朋友说："你说得对！如果我继续因为这次考试而心情沮丧，那么我就连下一次考试也不能够表现得很好。"在朋友的安慰下，晓琪终于决定放下这一切。她认真订正并分析了试卷，知道了自己哪些知识点掌握得不够牢固，进而有意识地牢固掌握这些知识点，进而在下一次考试中取得了非常好的成绩。

女孩的心情变化是非常复杂和微妙的。有人夸赞，女孩马上就会心花怒放。在这个时候，如果有人言辞犀利地呵斥或者挑剔，女孩马上又会心情低落。每个人都是世界上独一无二的存在，每个人出生在这个世界上的样子是上帝送给她最好的礼物。当我们怀有这样的想法时，当我们对生命充满感恩之心时，我们就不会再抱怨自己长得不够漂亮或者抱怨自己没有得到想要的一切。任何时候，不管是对自己还是对他人，我们都

第01章 情商高的女孩运气好，情商是女孩幸福的基石

要坚持不放弃，不抛弃。当我们坚持到底的时候，就连命运也会被我们折服，对我们更加友善。

　　高情商的女孩除了要调整好心态，让自己的心胸更为开阔之外，还要学会换位思考。现实生活中，有些女孩不是因为没有实现目标才愤愤不平，而是因为她们在真正努力争取获得成功的过程中，不小心受到了他人的伤害。在这种情况下，女孩切勿睚眦必报，一则是因为生气是在用别人的错误惩罚自己，二则是因为仇恨是女孩心中的毒瘤，这颗毒瘤会在女孩的心中越长越大，让女孩的心再也没有空间去容纳快乐和幸福。高情商的女孩在受到他人伤害的情况下，会主动地进行换位思考，假设自己站在他人的角度，思考自己会如何去做。通过这样的思考，女孩就能够了解他人的苦衷，与他人产生共情，这样一来，女孩就能够理解他人的感受和做法，而不会总是抱怨和指责他人。

　　想得开，听起来很容易做到，实际上真正想做到却是很难的，这是因为人都是主观的情绪动物，很容易会因为主观上的一些想法而导致情绪波动。尤其女孩更是敏感细腻，常常会因为别人一句无心的话在心中掀起巨浪。在这种情况下，女孩要笃定自己的内心，要坚信自己的很多想法都是正确的，这样才能更加充满自信地做好自己该做的事情。在此过程中，女孩一定会得到成长，得到进步和提升。

高情商的女孩会说话，会办事

那么，情商高的具体表现是什么呢？前文我们说过，情商高与人们控制情绪的能力、面对挫折的能力、承受打击的能力、与人交往的能力都是密切相关的。实际上，这是情商在生活各个领域的具体体现。简而言之，情商最为直接和具体的表现就是会说话，会办事。当一个人能够做到这两点，就意味着他的情商很高。

看到这里，女孩们一定会感到非常好奇，甚至觉得不可思议。女孩也许会说："我难道还不会说话吗？我长到了十几岁，不知道说了多少话，说话对我而言是最简单的。"的确，说话是很容易的，在身体健康没有疾病的情况下，女孩能够滔滔不绝地说很长时间，但是要想把话说好就并不那么容易了。

本质上，说话是一门技术，也是一门艺术。说话不仅要随心所欲，不假思索，而且还要制定策略，发挥语言的艺术，这样才能把话说到他人的心里去，让语言表达起到预期的效果。正是因为说话与会说话之间有着本质区别，所以语言能力的高低才会对女孩的成功起到一定的影响。那些巧舌如簧、能言善辩的人未必能够获得成功，而那些真正获得成功的人都是非常擅长语言沟通的，能够以语言来表情达意，并且与他人进行良好的互动。

现实生活中，我们常常夸赞一个人的情商很高。实际上我

第01章 情商高的女孩运气好，情商是女孩幸福的基石

们并不知道这个人在情商的每一个方面具体表现如何，而只是因为亲眼看到这个人把事情办得非常漂亮，亲耳听到这个人把话说到了我们的心里去，在这种情况下，我们就会情不自禁地对他打开心扉，也愿意倾听他，接纳他的各种想法或建议。

会说话、会办事的女孩很善于为他人着想，也能够与他人产生共情。在与他人发生矛盾和争执的时候，这样的女孩不会以自我为中心，不会固执己见，试图说服他人，而是会始终牢记他人的心理需求和情感需求，也能够站在他人的角度上思考，把他人想到和没想到的问题都考虑周全，这样的女孩才是受人欢迎的。因为她们的心中不仅有自己，还有他人，她们说话的时候不仅只是为了自己高兴，还要考虑到他人是否乐意听。在这样的过程中，女孩最终会成为人生的赢家，在人生的道路上走得越来越远，越来越好。

民间有句俗话叫"一句话说得人笑，一句话说得人跳"。这句话告诉我们，同样的一个意思，换成不同的方式表达出来，就会产生不同的效果。也因为如此，一句话的威力才会如此巨大，或者说得人哈哈大笑，或者说得人号啕大哭，或者说得人胡蹦乱跳。这就是语言的力量，这种力量是非常强大的。

在这个世界上，每个人都是独立的生命个体，每个人都在人群中生活，都要与周围的人打交道，并且与周围的人互相影响。在很多情况下，我们还要与周围的人一起遵守社会规则，接受法律约束，所以我们与他人之间除了彼此支持帮助和相互影响之外，还存在着相互制约的关系。社会的发展越来越注重合作，一个人哪怕能力再强，也不可能仅凭着自己的力量就能完成每一件事情。对于女孩子而言，要想快乐成长，就必须具备良好的人际关系，这样才能在需要帮助的时候得到他人的慷慨帮助，这也强调了高情商的重要作用。

那么，如何才能把话说好，也把事办好呢？高情商的女孩只有做到以下几点才能兼顾这两个方面。

首先，要认识到会说话和会做事是相辅相成的。有些女孩把说话与做事完全割裂开来，她们嘴上就像抹了蜜一样甜，把话说得特别好听，因此赢得了别人的信任，但是等到真正要兑现诺言的时候，她们却早已把自己说过的话抛之脑后，根本不愿意兑现承诺。这样的女孩会给他人留下不守承诺的糟糕印象。因此，在说话的时候，女孩要把握好分寸，不要把话说得太满，如果女孩把话说得太满，却又没有做到，那么就会让自己变得非常被动。

其次，女孩要学会把话说到他人的心里去。很多女孩说话的时候，只是从自己的主观角度出发，以自我作为中心来表达自己的想法，这样自私和任性的女孩很难受到他人的欢迎。高情商的女孩不管说什么话，做什么事儿都会提前用心揣摩，也会仔细斟酌，尤其是当这些话关乎到他人的时候，她们更是会充分考量到他人的情况，这样才能用自己的语言打动他人的心，也才能把事情做得更加圆满。

第01章 情商高的女孩运气好,情商是女孩幸福的基石

再次,女孩说话要随机应变,因人因时因地制宜。有些女孩说话特别直接,对于同样的意思,她们总是以最直截了当的方式表达出来,丝毫不顾及自己面前所站着的对象。同样的表达内容,面对不同的人,要改变方式方法,在不同的时间或者场合,也要随机应变。只有做到因人制宜,因时因地制宜,表达才能起到事半功倍的效果。

最后,女孩要抓住各种机会表达自己,增强与人沟通的能力。很多女孩都特别害羞,一旦看到他人,尤其是在看到陌生人的时候,她们就害羞得恨不得躲起来,根本不知道自己应该说什么好。对于这样的女孩,其实她们心里有很多话想说,却不能够流畅地表达出来。为了让自己的胆子越来越大,沟通能力越来越强,女孩应该抓住各种机会与他人之间进行沟通。也许刚开始的时候,女孩会说得结结巴巴,不那么流畅,但是随着练习的次数越来越多,女孩就能够更多地了解他人的思维方式,也能够极大限度地提升自己的语言表达能力,最终女孩会成为语言的主宰者,运用语言表情达意,赢得他人的尊重和喜爱。

高情商的女孩会把话说得悦耳动听,把事情做得干脆漂亮。当女孩的表现始终这么优秀时,她们在为人处世方面一定能够为自己树立口碑,也能建立良好的人际关系,收获丰富的人脉资源。

第02章

情商高的女孩人缘好，

走到哪里都能受到欢迎

不要让害羞毁掉你的社交

从心理学的角度来说,害羞指的是一种非常胆怯,担心被他人嘲笑讽刺的心理状态。在这种心理状态下,女孩面对社交场面往往会感到如坐针毡,特别不好意思,或者觉得很尴尬,感到难为情。有些女孩为自己的害羞感到羞愧不安,实际上害羞是正常的心理现象。一个人不管是年纪大小,不管社会地位的高低,不管见过大场面与否,都有可能会出现害羞的情况。据说,那些歌星在开演唱会的时候,也会因为害羞而非常紧张,甚至有些歌星因为害怕害羞忘词,还会把歌词写在自己的手掌和手腕上。这可能会让我们疑惑,难道那些见多识广的歌星也会有这样的尴尬状态吗?当然,这一点是毋庸置疑的。歌星虽然万众瞩目,也已经开过很多次演唱会,进行过很多次公开的表演,但是他们依然会感到害羞。由此可见,害羞是不可避免的。

害羞虽然是理所当然存在的,但是并不意味着我们要纵容自己害羞的状态。适度的害羞可以让女孩在紧张的情况下做出更中规中矩的举动,但是,如果因为过度害羞使得女孩出现社交退缩行为,那么,女孩的生活就会因为害羞而受到很大影响,这种影响甚至是不可逆的,并且会让女孩因此而承受巨大的损失。

　　高情商的女孩知道自己必须变得更加落落大方，才能在人群中吸引他人的关注，展示出自己各方面的能力。如果女孩总是因为害羞而躲藏在角落里，不愿意和其他人交往，那么即使女孩非常努力，也有很强的能力，其他人也无法真正地认识到女孩在这些方面的表现。有些女孩因为过于害羞不愿意去学校上学，她们不想面对学校里的老师和同学。而这使女孩在学习上也受到了很大的影响。那么，女孩如何做才能避免害羞？通常情况下，那些害羞的女孩与周围的人之间有一层心理屏障，这层心理屏障是没有形状的，也并非确实存在的，而是存在于女孩的心里。如果女孩不能够及时消除这种屏障，时间久了，她们就会躲避在自己的世界中，不愿意走出去，她们的社交能力发展也会受到限制。

　　有些女孩之所以害羞，与父母有密切关系。父母们往往觉得女孩就应该非常文静，就应该有害羞的表现。为此，当发现女孩害羞的时候，他们总是以给女孩贴标签的方式对此进行总结。例如，家里来客人了，女孩因为害羞不好意思和客人打招呼。父母当着女孩的面向客人解释"这个孩子特别害羞，胆子很小"。当父母总是这么说的时候，女孩渐渐地就会认为自己应该是父母所说的样子，这使得女孩不愿积极地改变自己害羞的行为。正确的做法应当是，当发现女孩因为害羞而出现社交退缩行为时，父母应该鼓励孩子与客人打招呼，或者哪怕只是

对客人笑一下，这对于女孩而言也是一种进步和成长。当家里来客人的时候，父母还可以让女孩承担起小主人的责任和义务，热情地招呼客人，给客人端茶倒水。在此过程中，女孩实现了自己的价值，会获得一定的成就感，而且她们也能通过这样的方式锻炼自己与人沟通的能力，进而使害羞的情况有所好转。

很多父母误以为女孩害羞是天生的，其实这样的想法是错误的。虽然人的社交能力有一部分取决于天生，但是大部分社交能力都是在后天成长的过程中渐渐培养和锻炼起来的。从女孩的角度而言，要认识到害羞并不是自己的本性，也不要因此就任由自己变得越来越害羞，只要女孩积极地进行锻炼，给自己各种机会面对更多的人，那么女孩就会渐渐地改掉害羞。

不管是父母还是女孩，都不要认为害羞是无关紧要的事情。实际上，女孩小时候在家庭中生活面对的都是身边熟悉的人，所以害羞往往不会对女孩造成很大的困扰。但是随着不断地成长，女孩生活的半径越来越大，她们走出了家门，走入了学校，走进了社会，不得不面对更多陌生人，与更多人之间建立各种各样的关系。如果这时女孩依然非常害羞，那么她们就会故步自封，不敢迈出自己小小的圈子，也就不能走向更为广阔的天地。只有让女孩不再害羞，才能为女孩打开社交生活的广阔天地，让女孩的眼中除了有自己和那些熟悉的亲戚朋友之外，还可以有更多的人存在，并且激发女孩与这些人结交的强烈愿望。对于女孩而言，这将会为她们翻开人生的新篇章，也帮助女孩真正展开社交生活。

在感到害羞的时候，一味地逃避和畏缩是没有用的。作为父母，不要纵容女孩害羞的行为，而是要引导孩子战胜自己，让孩子变得更加活泼开朗。具体来说，女孩应该做到以下几点。

首先，女孩要有意识地和陌生人"搭讪"，或者和那些不是特别熟悉的人进行交流，也可以主动地问候身边的人，或者是在学校里有过一面之缘的同学和老师。这就像是在打开自己的心门，当女孩坚持这么做的时候，心门就渐渐地敞开。在有条件的情况下，女孩还可以做一些社会性的工作，如站在街头向陌生人发放宣传页，这样的工作同样能够挑战女孩的勇气。需要注意的是，当女孩这么做的时候，父母要保证女孩的安全。现代社会中，很多危险的陌生人就潜伏在女孩的身边，所以父母要教会女孩自我保护的知识，培养和提升女孩的安全意识，让女孩在进行自我锻炼的同时能够保证自己的安全。

其次，鼓励女孩多参加集体活动，拓宽女孩的交际范围。有些女孩生活的圈子非常狭小，在班级里明明有40多个同学，但是她们却只和一两个同学或者三五个同学交往密切，对于其他同学，她们甚至完全不认识，也很少与这些同学进行互动。父母不要总是限制女孩参加集体活动，反而要多鼓励女孩参加集体活动。如果女孩有一定的才艺，那么父母还可以鼓励女孩

在更为开阔的舞台上展示才艺。也许在刚开始的时候，女孩会特别紧张和害怕，但是随着这样进行的次数越来越多，女孩一定会变得落落大方。

再次，培养女孩的口才。女孩只有口才好，在与人沟通的时候才能做到流畅，也才能够准确地表达自己的心意。很多女孩的口才比较差，这是因为她们在独处的时候喜欢看书，或者是喜欢一个人默默地待着，很少与他人进行沟通。长此以往，当女孩真正想要开口说话的时候，她们往往不能灵活地运用语言，准确地表情达意。所以在日常生活中，女孩要有意识地培养和提升自己的口才。例如，可以大声朗读一些美文，或者与身边熟悉的人交流。

最后，女孩要战胜内心的恐惧。很多女孩之所以害羞，就是因为内心深处感到非常恐惧，她们生怕自己表现得不够好，遭到他人的嘲笑，生怕他人不搭理自己，显得自己特别尴尬。当女孩心中没有这些恐惧或者是担忧的时候，她们在与人沟通时就会更加轻松愉快。那么，为了让自己能够更容易地与他人搭讪，女孩可以学习讲一些笑话或者是幽默故事，在必要的时候，可以以此为契机逗笑他人，这是很好的选择。在与他人沟通的过程中，女孩还可以察言观色，看看他人对哪些话题感兴趣，从而投其所好，说他人感兴趣的话题，打开他人的话匣子，让沟通更加顺畅。

高情商的女孩要戒掉"公主病"

现代社会中有很多的小公主，这些小公主看起来干净美丽，穿着漂亮的衣服，就像一个真正的公主那样仪表端庄，气质高贵。不过，这些小公主除了让人赏心悦目之外，也会有一些公主病。既然是公主病，那么就一定是不受人欢迎的行为表现。所以女孩在与人相处的过程中，要有意识地戒掉公主病，而不要因为公主病引起他人的反感。

现实生活中，爸爸妈妈在养育女孩的时候要更加用心。近年来，有人提出了"穷养儿子，富养女儿"的教养理念，这使得很多父母在教养女儿的时候更是不吝啬钱财。他们想方设法地将女孩打造成一个真正的小淑女，但与此同时也可能会骄纵宠溺女孩，使女孩养成了很多坏习惯。作为父母，固然要精心地呵护女孩，但同时也要避免女孩养成公主病，否则将来女孩走出了家门，走入了社会，父母不能像以前那样继续陪伴在女孩身边，全方位地呵护和照顾女孩，女孩的公主病又该如何是好呢？无数事实告诉我们，如果女孩带着公主病长大带着公主病走出家庭，走到属于自己的生活之中，那么公主病就会给女孩带来很多困扰。高情商的女孩要有意识地戒掉公主病，才能为自己将来的生活铺平道路。

小洁是一个非常爱干净的女孩，也特别注重个人的形象。每天，她都穿着漂亮的衣服去学校，因为担心把衣服弄脏，她

很少去玩那些需要在地上摸爬滚打的游戏，也很少会和其他同学在一起打闹。虽然小洁显得有些孤僻不合群，但是同学们知道小洁特别爱美爱干净，所以也都谅解了小洁。但这次在运动会上，小洁的表现让同学们大失所望。很多同学都联合起来抵制小洁不说，还约定不再和小洁一起玩，这是为什么呢？原来，运动会上有一个拔河比赛的项目，需要以班级为单位进行比赛。小洁所在的班级是一班，他们的比赛对手是二班。在比赛即将开始的时候，所有同学都摩拳擦掌，把袖子卷起来，恨不得使出浑身的力气，齐心协力地战胜二班。唯独小洁瞻前顾后，她当天穿着一件漂亮的公主裙，她担心地说："在拔河比赛的时候，会不会把我的公主裙给拽坏呀？我的公主裙可是第一次穿呢，而且是白色的，就算不会拽坏，如果弄脏了，那么也会很难看。"有个同学不以为然地说："小洁，现在大家只想获得胜利，又有谁会去关心你的裙子呢？"小洁落寞地说："我自己关心我的裙子呀！要不，我不参加比赛了，我给你们加油，好不好？"又有一个同学说："小洁，运动会上你没有参加任何项目也就罢了，现在是拔河比赛，是以班级为单位的。我们每个班都是45个人，如果你不参加，就意味着我们剩下的44个人要去和45个人对抗，你觉得少一个人的力量会不会影响很大呢？"在同学的议论纷纷下，小洁心不甘情不愿地参加了拔河比赛。她在拔河的时候根本没有用力气，只是站在那里装模作样地使劲。同学看穿了小洁的伎俩，不屑一顾地对小洁说:"小洁,我看你呀就是一株水仙花,只会顾影自怜,没有一点用处。"因为小洁没有全力以赴,班级在拔河比赛中失败了,因为输掉了比赛,同学们都非常生气,纷纷声讨小洁。虽然老师安抚了同学们,但是同学们依然对小洁意见很大。

平日里,女孩非常爱干净,希望把自己打扮得漂漂亮亮,整整齐齐,这是无可厚非的。但是因为拔河比赛是集体项目,所以每一个人都要贡献力量。如果女孩为了保持衣服干净就不愿意使出全力,那么就会对集体比赛的结果产生影响,因此还引起同学们的不满甚至愤怒。

很多女孩之所以有公主病,都是从小在家庭生活中被父母娇惯出来的。例如,有些父母从来不让女孩做任何事情,给女孩吃水果时要帮助女孩削皮,把水果切成块再给女孩吃,给女孩葡萄干时还要帮助女孩把葡萄干洗得干干净净。父母如此细致地照顾女孩,会使女孩很多事情不会做,导致她们必须依靠别人的照顾才能生存。但是在集体生活中,没有人会像父母一样照顾女孩,女孩因为骄纵任性等公主病,也往往无法很好地融入集体生活。

女孩小时候在家庭中会得到父母的陪伴和照顾,但是随着成长,她们终究要进入学校,融入同学之中。在这种情况下,如果女孩总是不愿意全力以赴地投入集体生活,就会给同学们留下糟糕的印象。对于女孩而言,朋友的陪伴是至关重要的,女孩在与朋友相处的过程中,不要把自己当成公主一样去

骄纵，而是要认识到自己与朋友是平等的，也要像朋友对待自己，全力以赴地对待朋友，这样才能结交真心的朋友。

有些女孩的公主病非常严重。她们不但爱干净，还脾气暴躁，任性妄为。在家庭生活中，她们不管有什么需求和欲望都能够第一时间得到父母的满足，这使得他们产生了误解，觉得所有人都要围着他们转，都要以她们的需求为准。即使进入学校之后，她们也觉得身边的同学必须顺从她们，尤其是在与他人产生意见分歧或者是矛盾冲突时，女孩更是嚣张跋扈，这就给他人留下了极其恶劣的印象，在这个世界上，每个人都是独立的生命个体，人与人之间是完全公平和完全平等的。所以女孩不要对他人颐指气使，一旦进入集体生活，女孩就要知道自己作为集体中普通的一员，应该和所有人一样为集体贡献力量。面对好朋友，女孩要有共情能力，能够理解和体谅朋友。尤其是在与朋友发生争执的和冲突的时候，也要能够宽容忍让，这样女孩才能建立良好的人际关系。

幽默的女孩人缘好

在西方国家，幽默被视为一种非常重要的能力。幽默的人不管走到哪里都能给人带来欢声笑语，受人欢迎。很多单身男女在寻找人生伴侣的时候，还会把幽默这一特质列举出来，作为对方必须具备的一种特质。即使在严肃的工作场合中，那些幽默的人也总是更加受人欢迎。

但是有人把幽默与低俗的玩笑混为一谈，低俗的玩笑是把快乐建立在他人的痛苦之上，或者说一些媚俗的话题，而幽默却不同，幽默是最高级别的智慧形式之一。只有那些真正掌握了丰富学识，并且具有智慧的人，才能适时适度地幽上一默，给自己和周围的人带来欢笑。

现实生活中，每个人都喜欢与幽默的人相处，这是因为当被幽默的人逗得开怀大笑的时候，原本平淡无奇的生活就会在瞬间变得更加丰富精彩，原本无聊的事情也会变得非常有趣和生动。所以说，如果生活是一扇大门，那么幽默则是打开大门的钥匙。一个高情商的女孩善于幽默，当她们运用幽默成功地与他人搭讪时，就能在瞬间拉近与他人之间的距离，增进与他人的感情。高情商的女孩还很善于发挥幽默的强大作用，消融人际之间的坚冰，让原本尴尬的气氛瞬间冰雪消融，这都是幽默的神奇作用。

有些人认为幽默是男孩的专利，因为男孩聪明机智，但是实际上女孩并不比男孩差。所以，高情商的女孩也要学会幽默。当女孩学会了幽默之后，就能结交更多的朋友；当女孩学会幽默之后，她们也能以恰到好处的方式化解尴尬。对于女孩而言，幽默是必不可少的，所以高情商的女孩既要培养自己的幽默能力，也要在合适的时候运用幽默的能力，为自己的生活

带来更多欢声笑语。

洋洋是一个不折不扣的假小子，虽然她留着长长的头发，长着精致的五官，但是她的性格却大大咧咧。正因为如此，洋洋在班级里是最受欢迎的人，不管是男生还是女生，都喜欢和洋洋玩。女生有了心事，会向洋洋倾诉；男生呢，则和洋洋称兄道弟。

周五下午，班级同学和往常一样在进行大扫除。男生们照旧做那些重体力的劳动，洋洋不想和女生一样擦玻璃，她想负责倒垃圾，还想整理课桌。这些活儿平时都是由男生做的，但是洋洋认为自己也能做得很好。在同学们打扫完教室之后，她三下五除二就把教室里的课桌椅排列得整整齐齐。等到她排好桌椅之后，其他同学正好把垃圾收到垃圾桶里了，所以洋洋就去倒垃圾。

等洋洋倒了垃圾回来，同学们都已经坐在教室里了。看到洋洋从外面走进教室，大家全都哈哈大笑起来。洋洋不知所以，莫名其妙，因而问大家："怎么了？你们傻了吗？"这个时候，距离洋洋最近的一个同学指了指洋洋的鼻子，原来洋洋倒垃圾的时候手上不小心蹭了灰，又把灰蹭到了自己的脸上。看到自己的模样，洋洋忍不住哈哈大笑起来，她说："哈哈，你们不知道吧！我可是故意用这个造型来逗你们开心的。大家打扫完卫生都辛苦了，这笑声就当是给大家的福利吧！"就这样，洋洋以自己独有的幽默化解了尴尬，她很快去洗干净了自己的脸，但是同学们的脸上依然洋溢着笑容，这笑容是洋洋给他们的最好礼物。

一个幽默的人就像是一颗开心果，不管走到哪里都能把笑声带在身边；一个郁郁寡欢的人就像是一片阴云，不管走到哪里，都把阴云笼罩在哪里。可想而知，人人都愿意和幽默的人打交道，而不愿意和郁郁寡欢的人相处。对于幽默的人而言，即使遇到那些不开心的事情，即使遇到尴尬的时刻，也能够在第一时间就化解尴尬，让自己变得开心起来；对于那些郁郁寡欢的人来说，他们总是以消极负面的思维来思考问题，虽然他们很想拥有更好的结果，但是他们却不能够及时地消除不良情绪，这样也就在负面情绪的影响下使问题变得糟糕。

既然幽默如此的重要，作为女孩，我们就一定要学会幽默。具体来说，我们要怎么做才能变得越来越幽默，并且善于运用幽默，为生活着色呢？

首先，高情商的女孩会有积极的心态，所以更善于幽默。人们常说，心若改变，世界也随之改变。如果女孩的心态非常消极，不管遇到什么问题，都从消极的方面进行思考，每天都愁眉苦脸，那么女孩永远也无法开心起来，更别说幽默了。

其次，高情商的女孩不会把自己看得太过重要。很多女孩只关心自己，把自己看得特别重要。她们非常敏感，哪怕别人

只是无意间说出一句话,她们也会在心里反复地思考和琢磨。在这样的情况下,她们总是会曲解他人的意思,自己也因此很不开心。

再次,要怀着善意去对待他人。上述事例中,大家在看到洋洋鼻子上沾染了灰尘时都哈哈大笑起来,如果换作是一个敏感的女孩,就很有可能因为大家的笑声而感到无所适从,或者感到特别紧张。但是洋洋却不这么想,她顺势而为,说自己是故意以这样的方式逗大家开心的,因为她认为大家的笑都是善意的,所以她才会轻松对待,也能不漏痕迹地化解尴尬。

最后,女孩要学会自嘲。在很多尴尬的时刻里,如果我们只想着为自己辩解,只想着去消除自己的尴尬,反而会事与愿违。必要的时候,我们要运用自嘲的能力,自己嘲讽自己,这样反而能够让自己从尴尬和难堪的境遇中脱身。

人人都喜欢开心快乐,而不喜欢忧愁烦恼。作为幽默的女孩,一定会成为大家的开心果,能够给大家带来更多的欢声笑语。幽默的女孩拥有更强大的气场,会吸引更多的人环绕在她们的身边,所以幽默的女孩也会有好运气。当每个人都愿意和幽默的女孩在一起,都能够和幽默的女孩一起哈哈大笑时,幽默的女孩也就再也不寂寞了。

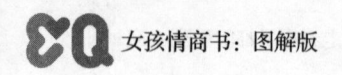

高情商的女孩要学会拒绝

在人际交往的过程中，很多女孩都不懂得拒绝，哪怕明知道别人提出的是不情之请，会让自己非常为难，她们也总是习惯于被动地接受，不知道如何采取积极主动的态度维护自己的合法权益。尤其是在被他人苦苦请求的时候，她们因为太过善良，生怕因为拒绝而得罪了他人，所以就勉为其难地答应。这样一来，女孩就把自己陷入了尴尬的境地，一则女孩的能力并不足以完成答应别人的事情，二则当女孩因为能力不足而延误了完成某件事情的时候，其实这也延误了他人完成事情的时机，反而会引起他人的不满。这样一来，最终的结果就是女孩虽然付出了很多努力，也不断地尝试解决问题，但是却因为失败非但没有得到他人的感谢，反而被他人埋怨。每当发生这样的情况时，女孩如何能够不伤心呢？

对于女孩来说，虽然善良是一种非常优秀的品质，但是善良要有原则和底线。如果女孩的善良没有原则和底线，因为过于善良而将自己置身于危险之中，或者是让自己非常为难，那么这样的善良就是不值得提倡的。

在社会交往中，很多女孩从小生活在优渥的家庭环境中，无忧无虑，衣食不愁，她们会把他人想得非常单纯，也会把社会环境想象得特别美好，她们自己则不知不觉地在社会交往中扮演小白兔的角色，善良又无辜。这会使得女孩受到很多伤

害,女孩在成长的过程中,要有意识地学会拒绝。

女孩之所以不敢拒绝或者不好意思拒绝,就是因为她们担心拒绝会失去朋友。其实女孩只要提高自己的情商,掌握拒绝的原则和方法,就能够拒绝得恰到好处。如果女孩做到既拒绝他人,又不至于得罪他人,并且还会让他人理解女孩的苦衷,那么女孩的拒绝就达到了至高的境界。

小雨是护士学校的一名学生。一天傍晚,小雨去学校门口的水果店里买水果,她最喜欢吃的小番茄到货啦。她决定多买一点,这样就可以吃个痛快了。小雨刚刚选购完番茄,有一个孕妇提着两大袋水果对小雨说:"小妹妹,你可以帮我把这些东西送回家吗?"看到这个孕妇挺着个大肚子,提起这些水果非常吃力,善良的小雨正准备不假思索地答应孕妇的请求,却突然想起了妈妈再三叮嘱她的话:不能相信陌生人的请求,不能为了帮助陌生人把自己置于险境。

这个时候,小雨对孕妇说:"大姐,你可以让店主给你送,他们家满30元就可以免费送货上门。"孕妇为难地说:"店主送的话要等到晚上了,我想马上就吃到水果。"小雨拿了一个小袋子递给孕妇,说:"你可以把你急于想吃的水果装在这个小袋子里拎走,并没有多重。剩下的水果,让店主有时间就给你送过去。我可以留在店里帮店主看店,这都没关系的。"看到小雨的防范意识这么强,孕妇只好悻悻然地提着水果离开了。

又过去了几天，社会上传出了一则恶性案件的新闻。新闻报道有一名孕妇专门在护士学校门口邀请年轻的小姑娘为她拎水果送回家。有一个小姑娘为这名孕妇拎着水果送回了家，还接受了孕妇的邀请，进到了孕妇的家里，结果被孕妇的老公奸杀。小雨难以相信，那个看似善良的孕妇居然有这么歹毒的心肠，更不敢相信这个孕妇居然利用女孩的善心做这种令人发指的罪行。小雨暗自庆幸自己当初没有善心泛滥，也很同情那位因为善良而失去生命的小姐妹。

在这个故事中，小雨拒绝得非常有礼貌，也很周到。她一方面建议孕妇让店主帮忙送水果，在孕妇说自己很想马上吃到水果之后，又提示孕妇可以用小袋子先拎一些水果回家吃，这样孕妇就没有其他的理由再继续强求小雨了。正是因为这样的自我保护意识才让小雨避免了一次危机。

不管是面对陌生人，还是面对熟悉的亲戚、朋友、同学，女孩既要做到心地善良，又要坚持原则；既要做到同情他人，又要保持理性。有些女孩因为不好意思拒绝他人，总是被他人的苦苦哀求绑架，从而迷失了自己，哪怕知道他人提出的是不情之请，她们也无法当即说出"不"来拒绝对方。这样的女孩既缺乏自信，也不能很好地保护好自己。

女孩要知道，拒绝是每个人的权利，既然他人能够对我们提出不情之请，没有考虑到我们的情况，也没有考虑到我们会因此而为难，那么我们拒绝他人也应该理直气壮。那些真正值

得我们珍惜的朋友不会不顾我们的情况就对我们提出这些过分的要求，所以哪怕因为拒绝而失去了一个朋友，女孩也完全无需感到遗憾。

此外，女孩还要有安全意识。很多女孩都缺乏安全意识。在成长的过程中，她们被保护得太好，以为生活中的所有人都和父母一样，会全心全意地为她们付出，这使得女孩失去了甄别和判断能力。作为父母，要有意识地给女孩灌输安全知识，让女孩知道世界上有很多人是非常邪恶的，很多恶性的事件都有可能发生。与此同时，父母还要教会女孩判断的方式方法，尤其是要教会女孩一定要避开的危险情况，这样女孩才能在乐于助人的同时，学会拒绝不情之请。

自助者，天助也

当女孩从小就习惯了依赖于父母满足自己的各种欲望和需求的时候，渐渐地，她们的依赖性就会越来越强，认为自己不管有什么需求，都能够在第一时间得到满足。这是因为父母对女孩的爱是无条件和无原则的。如果父母总是这样宠爱孩子，那么女孩就会认为不管是谁都会满足她的要求。有些女孩还对人际关系产生了误解，认为人脉关系是万能的，她们从来不求上进，是因为她们相信自己总会得到贵人相助。由于受到这种心理的影响，女孩会广泛地结交朋友。她们坚信多条朋友多条路，如果有更多的朋友，她们就可以条条大路通罗马，但其实这是根本不可能实现的。

朋友之中鱼龙混杂，有些朋友只是因为看到女孩此刻风光无限，所以才围绕在女孩身边；有些朋友只是因为觉得女孩值得利用，所以才会想要占女孩便宜。在女孩的众多朋友中，也许只有极少数朋友是真心的朋友，但是女孩却对此没有准确的认知。然而，残酷的现实最终会告诉女孩这个真相，那就是知己难求。对于女孩而言，哪怕只有一个真心的朋友也是非常幸运的。当然，如果当没有朋友陪伴在身边，或者没有真心的朋友愿意为自己付出时，那么女孩就要努力地提升和完善自己。

古人云，自助者，天助也。这句话告诉我们，一个人只有主动帮助自己，靠自己去战胜各种困难，才能得到外界的助力。反之，一个人如果从来不愿意成长和进步，而是把所有希望都寄托在他人身上，那么最终所有的希望都必然落空。

人们常说，靠树树会跑，靠山山会倒。其实，树是不会跑的，山也不会倒的。这句话只是告诉我们靠着别人是不现实的，也是不长久的，只有自己才是最可靠的。对于每个人而言，自己都是自己最大的靠山。

女孩在结交朋友的时候要真诚，要主动，要为朋友付出，但是却不要对朋友寄予太大的希望。虽然有些真心的朋友会在我们遇到危难的时候慷慨地帮助我们，但是这些帮助并不是我

们求来的，而是朋友心甘情愿主动付出的。如果女孩为了得到更多的助力，就带有目的地结交朋友，那么这不但会浪费自己的时间、金钱、感情，还会被朋友伤害。换而言之，即使是对于真心的朋友，女孩也不能完全依赖他们。这是因为每个人都有自己的烦恼和需求，如果女孩总是想着依靠朋友，心里有了依靠，那么就不愿意再继续努力了。所以女孩应该努力把自己变成值得朋友依靠的人，而不要一味地依赖朋友，自己却无所事事。

人都有很强的依赖性，尤其是当对方是值得依赖而且值得信任的时候，依赖性就会更加泛滥。对于每个人而言，都应该从依赖渐渐地走向独立，毕竟人生是漫长的，我们只能靠着自己解决生活中的很多困难，完成生活和工作中很多艰巨的任务。作为女孩，更是要有主动提升自己的意识。

首先，每当遇到困难的时候，女孩要独立思考如何想办法战胜困难。虽然女孩的能力是有限的，但是尽自己所能地做一些事情，女孩还是可以做到的。而且在做这些事情的过程中，女孩得到锻炼，各个方面的能力也会越来越强。总之，女孩切勿等着他人为自己解决难题，否则自身的能力就会越来越弱。

其次，当遇到同样的困难时，如果上一次在他人的帮助下解决了困难，那么这一次女孩应该尝试着模仿他人的样子，主动地解决困难。有需要的话，可以向他人请教，让他人指导自己。在此过程中，女孩的实际操作能力会大大提升，当女孩凭着自己的能力解决难题的时候，一定会获得很大的成就感。

再次，俗话说救急不救穷。大概意思就是说，当遇到紧急的情况时，我们可以帮助他人，但是如果他人一直都很穷困，那么我们就不要给他人经济上的支持和帮助。作为女孩的朋友，如果一直都在帮女孩的忙，那么就应该反思自己的行为，及时地拒绝帮助。只有拒绝帮助女孩，这样她才会因为没有依靠而逼着自己努力解决问题。

最后，每一次解决问题之后，不管是成功还是失败，都要进行总结和反思，既要总结自己在解决问题的过程中值得赞许的表现，也要反思自己做得不好的地方。只有坚持进行这样的思考，女孩才能扬长避短，争取在下一次遇到同样的问题时，做得更好。

总而言之，女孩只有自立自强，才能得到他人的尊重。如果女孩总是凡事依靠他人，那么即使他人有能力，也不愿意长久地帮助女孩。在自立自强的过程中，女孩如果需要得到帮助，那么也可以积极地向他人求助，但是需要注意的是，我们可以求助于他人，但是却不能让他人完全代替我们去解决问题。在这个世界上，没有谁会代替我们度过这一生，我们终究要靠着自己。那么从现在开始，女孩们，一定要加油努力啊！

第 03 章

情商高的女孩更自信，不去过分在意别人的看法

> 彤彤，你的文章写得真好。

彤彤怎么没有报名作文比赛呢?

你应该参加作文比赛,你的文章真的好。

作文比赛

第03章 情商高的女孩更自信，不去过分在意别人的看法

摆脱自卑

女孩的心思是非常敏感和细腻的，因为各种各样的原因，她们会过低地评价自己各个方面的能力和表现，因此陷入缺乏自信心的状态。与此同时，女孩还会感到非常害羞，哪怕听到别人无意间说出来的一句话，她们也会因此而惴惴不安很长时间。有的时候，女孩还会陷入消极忧郁的情绪之中，做什么事情都提不起兴致，这样的女孩仿佛头顶着一片阴云，时刻都觉得压抑。有的时候，女孩还会觉得自己处处都不如别人，这使得女孩的心中愁云惨淡，根本不能全身心地投入生活、学习和工作之中，感受幸福和快乐。当女孩长期处于这样的状态之下，就会自暴自弃，而不会付出所有的努力，争取得到自己想要的结果。

从心理学的角度来说，女孩这样的行为表现和心理特征属于典型的自卑性格。当女孩在社会交往中表现出自卑性格的时候，她们就无法顺利地融入人群，也无法在人群中展示自己独特的能力。她们常常陷入孤独和寂寞的状态，过于看重他人对自己的评价，这使得当她们被别人轻视、侮辱或者是嘲笑的时候，她们会以一种过激的方式进行回应。她们或者因为极度嫉妒，在嫉妒心的驱使下，对他人做出出格的举动，或者因为过

度冲动而做出让自己懊悔的事情。

在自卑的阴影笼罩之下，女孩的人生是非常沉痛和压抑的。其实，自卑的女孩未必真的没有值得骄傲的地方，或者没有任何优势和长处，她们之所以自卑，是因为她们的心态出现了很多问题。那么，引起女孩自卑的原因有哪些呢？有些女孩因为自己的外形而自卑，有些女孩因为自己的家庭环境而自卑，有些女孩因为自身的性格而自卑。例如，女孩非常内向胆怯，也会出现自卑的行为表现，原因非常多。

不管女孩的自卑心理是哪种原因而诱发出来的，女孩的个人发展都会受到自卑的影响和限制。如果女孩长期处于自卑的状态，她们就会彻底地与成功绝缘。高情商的女孩知道自卑会对自己的人生产生很多负面影响，所以她们会积极主动地摆脱自卑情绪，让自己从失败者的队伍中逃离出来，加入成功者的队伍。

要想彻底改变自卑的状态，女孩应该这么做。

首先，要做到客观公正地评价自己。很多女孩对于自己都不能够做到公正地评价，她们对于自己所拥有的一切感到不知足；对于自己表现突出的地方也常常怀有否定的态度。她们总是盯着别人的优点，而盯着自己的缺点，把别人的优点与自己的缺点进行比较，无形中就会自惭形秽。女孩应该以更加客观公正的态度认知和评价自己，这样才能对自身的成长起到更好的促进作用。

其次，女孩要正视自己的缺点和不足。很多女孩发现自己有缺点和不足时只想逃避。例如，有些女孩身材比较肥胖，那么她们就会刻意地穿比自己的身材更大一号的衣服，试图来掩盖自己在身材方面的缺点。与其这样一直逃避问题，还不如积极地运动起来，采取运动的方式减肥，也许不能瘦到让自己满意的程度，但却能够让自己的身体变得更加轻盈，也让自己充满活力。一直坚持这样去做的话，女孩就会充满自信。

再次，要勇敢地挑战自己。当女孩对于自己的能力评价过低的时候，最需要做的事情就是证明自己的能力，在这种情况下，一味地否定自己是非常不理性的行为，只有在深思熟虑之后挑战自己，证明自己是可以打破极限的，女孩才会更加充满自信。

最后，发展核心竞争力。每个人都有值得赞许的优势和长处，每个女孩都有与众不同的地方。女孩不要总是盯着自己的缺点和不足，而是要看到自己的优势和长处，并且发挥自己的优势和长处。例如，有的女孩学习不好，那么就不要在学习方面与他人进行徒劳的比较，而是可以在自己擅长的体育方面去寻求发展。当女孩在体育领域获得了更好的发展，更长足的进步时，她们就会充满自信。例如，女孩在学校运动会中为班级争取到了中长跑的冠军，这样女孩就会认识到自己存在的价值和意义，从而摆脱自卑。

如果女孩长期陷入自卑之中，就会产生懈怠的心理，懈怠的心理会把女孩拖入人生的深渊。从古至今，很多成功者都有自己成功的理由，他们也得到了外界的助力，但是他们都有一个共同点，那就是他们充满自信。情商高的女孩要想获得成功，一定要战胜自卑，树立自信，这样才能逐渐走到成功的终点，让自己的内心充盈且快乐。

积极的自我肯定很重要

从心理学的角度来说，自我暗示的作用是非常大强大的。如果一个人总是进行积极的自我暗示，那么他们就会受到激励，更加充满动力，努力拼搏；如果一个人总是进行消极的自我暗示，那么他们就会越来越缺乏自信，在面对很多事情的时候，都采取逆来顺受的态度，不得不说这样的结果是非常糟糕的。

对于女孩而言，成长的过程中不可能始终与鲜花和掌声相伴，不可能每次都获得成功，更多的时候，女孩会遭遇失败的打击。面对失败的结果，女孩自身虽然能够接受，但是当听到他人对此提出非议，或者进行负面评价的时候，女孩却往往感到无法面对。越是在这样的艰难时刻，女孩越是要进行积极的自我肯定，否则就会迷失在他人的负面评价之中，使得自己的信心消耗殆尽。

所谓自我肯定，就是给予自己肯定的认知和评价。自我

肯定是一种良好的思维习惯，需要日常练习。在遭受他人的非议或者是被他人否定的时候，女孩一定要告诉自己，我是最棒的。虽然这几个字听起来平淡无奇，也常常被很多人挂在嘴边，但是当女孩坚持用心地告诉自己这句话的时候，她们就会受到积极的自我肯定产生的作用。

对那些自卑的女孩而言，更是需要坚持进行积极的自我肯定。有些女孩因为先天条件不好而感到自卑，觉得自己太矮太胖或者是太丑，在这些情况下，女孩一味地自卑并不能改变客观事实。对于不能改变的一切，我们当然要学会接受。与此同时，还要怀有一种积极接纳的态度，这是因为女孩可以决定自己的精神面貌，也可以努力提升自己的意志力。正如人们常说的，接受那些不能改变的，改变那些可以改变的，这个道理适用在任何时候。

在面对一些艰巨的任务时，自卑的女孩往往忐忑不安，她们生怕自己因为表现不佳而搞砸任务，也生怕自己因为能力不足而无法完成任务。在这种情况下，如果还没有开始尝试就彻底地放弃了，那么女孩就根本不可能获得成功。明智的女孩会进行充分的自我肯定，告诉自己只要努力就能获得成功，告诉自己一定要尝试之后才会知道结果。在这样反复的自我暗示之下，女孩就会渐渐地获得了信心，这样也就相当于成功了一半。

有些女孩在日常生活中常常会用一些模棱两可的语言表达自己的意愿，如她们会说"那我试试吧""我想我应该能够做到"这些话，这些话充满了极大的不确定性。如果女孩认真地观察，有机会和成功者相处，耐心地倾听，那么她们就会发现成功者在说话的时候往往带有非常肯定的语气，他们会毫不迟疑地说"没问题""当然能够做到"，这既是给自己信心，也是给身边的人信心。心理学家对此进行研究之后，意识到成功者之所以能如此肯定地给他人答复，实际上这也是在对自己进行自信宣言。他们不停地对自己进行积极的自我肯定和强烈的心理暗示，长此以往，效果将会非常显著。

自卑的女孩往往有犹豫迟疑的行为特点。在面对很多难题的时候，她们情不自禁地想要退缩。与她们相比，自信的女孩非常勇敢坚决，尤其是在危急时刻要做出选择的时候，自信的女孩常常不假思索地就决定自己应该做什么。所以，对于女孩而言，最重要的不是有多么强大的能力，学会了多少知识，得到了多少助力，而是要拥有强大的自信心。当女孩拥有自信的时候，哪怕在其他方面有些不足，也能够以自信进行弥补。

现实生活中，很多父母对女孩照顾得无微不至，他们认为女孩天生柔弱，所以会对女孩给予更多的关照。在这种情况下，女孩渐渐地养成了依赖父母的习惯，她们没有机会证明自己的能力，也就没有机会进行积极的自我肯定。越是如此，她们越是陷入恶性循环之中。父母在教养女孩的过程中，要有意识地给女孩提供一些机会，让女孩证明自己的能力，也要引导女孩进行尝试，鼓励女孩挑战自己的实力。在此过程中，女孩

会一次一次地突破自己的极限，认识到自己的能力将会创造无限的奇迹。

为了保护女孩，当女孩身处逆境的时候，父母还会给女孩打退堂鼓，或者代替女孩做出决定，选择放弃。长此以往，女孩在面对任何困难的时候，都会第一时间产生战斗-逃跑的反应，她们只想逃到安全的地方。在生命的历程中，每个人都会遭遇逆境，也会经历坎坷和磨难。人生是漫长的，也是不可预知的。当身处逆境的时候，女孩要知道，自暴自弃并不能真正地解决问题，自怨自怜也不能赢得他人的同情，或者说即使赢得了他人的同情，我们也不能真正解决问题。女孩必须拥有强大的自信，积极地想办法彻底解决问题，才能让一切都发生改变。

当女孩拥有强大的内心和充分的自信时，当她们坚持积极的自我肯定时，人生就会发生改变。女孩们，不要再等待了，从此刻开始，就让一切都变得与众不同吧！

积极行动胜于一切空想

很多女孩都是不折不扣的空想家，每当谈起自己对未来的幻想和憧憬时，她们侃侃而谈，还会以饱满的热情感染身边的人，让身边的人也相信她们一定能够实现目标和理想。然而，这些女孩只是擅长演讲而已，等到真正让她们全力以赴实现理想和志向的时候,她们就会马上畏缩胆怯。不得不说,这些女孩都是行动上的"矮子",语言上的"巨人"。很多情况下,要想获得成功,最重要的是迈出行动的第一步,而不是以空想的方式自欺欺人。

一个人要想树立理想和目标是很容易的,因为只要去想一想美好的未来,想一想自己想要实现的一切,就相当于有了理想和目标。但是对于所有人而言,实现理想和目标的过程却是异常痛苦和漫长的。有些人在为自己制定了伟大的目标之后,想到自己也许拼尽全力也不能实现这些目标,便会马上就如泄了气的皮球一样信心全无;有的人则想尽一切办法找出各种理由说服自己,不要这么不切实际地想象。其实对于美好的未来,如果我们不尝试进行创造,那么又怎么知道它是否真的会变成现实,还是始终耽于幻想呢?

很多人穷尽一生碌碌无为,不是因为他们先天条件不佳,也是不是因为他们没有得到贵人相助,而是因为他们在有了很多美好的想法之后,不能当机立断地把这些想法变成现实。他们选择了彻底放弃,是因为他们被预期到的各种困难吓倒了。实际上,很多事情当真正去做的时候,并没有我们想象中那么困难,也或者说在做的过程中,很多困难便会迎刃而解,不复存在了。既然如此,我们虽然要未雨绸缪,把很多困难想到前面,但是却不要被这些困难吓倒,而是要认识到,当我们真正脚踏实地,一步一个脚印地去做的时候,很多困难便不再是困难了。

第03章　情商高的女孩更自信，不去过分在意别人的看法

有些女孩为了追求成功会去咨询那些成功者到底有何经验和秘籍。其实，每个成功者都有他们成功的原因。但是，对于所有成功者而言，他们有一个最伟大的秘籍，就是积极行动胜于一切思考。人生是非常短暂的，如果总是等待明天再去把自己的想法付诸实践，那么明天永远也不会到来。所以，我们要牢记成功的秘诀，要始终坚持积极行动的原则。有些人也许会感到非常懊悔，因为他们曾经错过了行动的最佳时机，所以他们觉得自己很难再把握住成功的机会。这样的想法会使他们自暴自弃，不愿意再付出任何努力。面对这样的困境，我们应该转变想法，要知道任何时候采取积极的行动永远都不会晚。所以，与其等到在无限度拖延之后再开始行动，不如现在就开始行动。即使前面已经拖了很长时间，如果现在就开始行动，那么也依然比无所作为要好得多。总而言之，行动才是王道。

很多女孩都有无故拖延的坏习惯，她们只想等到万事俱备的时候再行动。在很多情况下，我们不是诸葛亮，无法神机妙算地把各种条件都算到自己的计划里，我们只能走一步看一步，但是一旦等到所有的时机都已经成熟，那么我们唾手可得的机会也就会彻底地失去了。所以女孩应该把"拖延"二字从自己的字典里删除，从现在开始就满怀热情、斗志昂扬地投入行动之中。时间是组成生命的材料，浪费时间就相当于谋财害命，明智的女孩当然不会对自己谋财害命，所以就会争分夺秒地积极开展行动。

彤彤从小就很喜欢看书，写作文的时候常常会有一些奇思妙想，所以写出来的文章文采斐然，妙语如珠。语文老师最喜欢彤彤了，每次作文课上，老师都会把彤彤的作文当成范文在全班进行朗读，号召同学们向彤彤学习。当得知要举行作文比赛的时候，老师第一时间就想到推荐彤彤参加。然而，在得到老师的推荐之后，彤彤虽然很高兴，但是却在老师催着交稿的过程中产生了无限烦恼。

彤彤有一个特点，即对于自己必须完成的作业，她会积极地完成，但是对于额外的作业，她则特别抵触。这次参加作文比赛，虽然对于彤彤而言是一个很好的机会，但是却给她增加了额外的负担，那就是她不得不挖空心思、绞尽脑汁地写出一篇好文章交给老师。这么想来，彤彤的拖延症又犯了。刚开始的时候，彤彤有半个月的时间可以用来完成这篇文章。但是随着彤彤一直拖延，到后来彤彤只剩下几天的时间可以完成作文了。老师虽然催促彤彤交上作文，但是彤彤却以各种借口而不断地拖延，或者说作业太多，功课繁忙，或者说自己周末要和爸爸妈妈串亲戚，或者说自己太困了，不小心睡着了。总而言之，直到交稿前的最后一天，彤彤的作文还一个字都没写呢。最终，她不得不仓促地用晚上的时间完成了一篇文章，这篇文章并没有经过精心的构思，也没有经过认真的誊抄，最终在作文比赛中名落孙山，老师对彤彤失望极了。

在这个事例中，彤彤虽然有非常好的想法，也愿意为班

级争夺荣誉，为自己争得荣誉，但是却因为拖延症而错失了这次千载难逢的好机会，也辜负了老师对她的信任。如果彤彤对自己的作文能力非常有信心，也真正积极地完成老师交代的任务，那么她在这次比赛中的表现就一定会非常好。

任何事情想到了就要去做。对于那些必须要做的事情，与其在后面做，不如在前面做，这样即使事情出现了纰漏，也有机会进行弥补。人们常说，一万年太久，只争朝夕，对于生命的流逝，我们也应该怀有惜时如金的心态，努力抓住每一分每一秒，用尽全力去拼搏，这样才能实现我们的梦想。

走自己的路，让别人说去吧

但丁曾经说过，走进自己的路，让别人说去吧。虽然这句话被很多人当成座右铭，但是当真正地被他人议论，成为流言蜚语的中心时，只有极少数的女孩才能做到如此洒脱。大多数女孩都过于在意他人的看法，不知道自己应该如何做，才能得到所有人的认可和接纳。实际上，女孩这么想完全是徒劳，因为世界上没有人能够得到所有人的喜爱，也没有人会喜爱自己所遇到的所有人。既然我们作为一个特立独行的生命个体，那么就要以独特的方式呈现自我，又何必强求自己必须符合大众的审美和标准呢！

当女孩过于在意他人的看法时，她们就会因为他人的非议而感到失落。有些女孩明明牢记着自己的初心，却在他人的议论纷纷之中改变了自己的想法和行为，甚至改变了自己的人生方向。这就是典型的从众心理，这是迎合他人的一种表现。当然，我们说让女孩坚定不移地做好自己，但这并不意味着让女孩对他人的想法和看法无所顾忌。有的时候，他人的想法和看法的确是为了帮助我们做得更好。在这种情况下，我们应该积极地采纳别人的建议。然而，有的时候，别人所说的一切并不是经过慎重考虑才表达出来的，而只是因为他们喜欢对他人的人生指手画脚。在这种情况下，我们就要坚持自己的主见，坚持走好自己的人生路。如果我们做每件事情都能够主动询问自己的内心，坚持去做自己认为正确的，那么我们的人生就会更加简单快乐。反之，如果我们做每件事情都要询问他人的看法，那么我们就会不知所措，最终一事无成。

曾经有一对父子俩要去集市上卖驴，他们一前一后地牵着驴往集市上走去，才刚刚走出家门，来到村头，几个乡邻就议论纷纷，说道："这两个人可真是傻呀，有驴不骑却要牵着，把自己累得气喘吁吁。"听到这些人的话，父亲对儿子说："我们一起骑着驴吧！"就这样，父子俩骑到驴背上。很快，他们来到了邻村，刚刚走到村头的时候，几个农夫就指着他们说："看呀，看呀，这父子俩可真是狠心啊！这个驴子才那么小，他们就一起骑在驴背上，可怜的驴子都快被压得倒在

地了。"这些人话音刚落,父亲对儿子说:"我们只有一个人骑驴吧,另外一个人跟着走!"说着,父亲安排儿子骑在驴背上,他跟着走。

走到村尾的时候,几个老人正在乘凉,他们指着骑在驴背上的儿子议论纷纷:"这个孩子可真不孝呀,让他年迈的父亲跟着走,自己却骑在驴背上悠哉悠哉的。现在的孩子可真不懂事儿,一点孝心都没有!"听到儿子被老人指责,父亲说:"咱们交换一下,我骑到驴背上,你跟着走吧!"就这样,父亲骑着驴,儿子跟着走。他们路过村外的田野,几个正在劳作的妇女停了下来,指着他们说道:"这个父亲太狠心了,孩子才这么小,就让孩子跟着走,自己却坐在驴背上,自己怎么不下来走呢?"父亲再也坐不住了,他从驴背上下来,和儿子面面相觑。父亲不知道他是该骑着驴还是该跟着走,也不知道是该自己骑驴还是让儿子骑驴,最终,他对儿子说:"要不这样吧?你去树林里找根棍子,我有绳子,咱们把驴捆起来抬着走,看看别人还能说什么。"就这样,父子俩抬着驴往集市上走去。到了集市附近的一座小桥上,他们抬着驴小心翼翼地过桥。桥面很窄,看到他们提心吊胆的样子,其他去赶集的人都笑得前仰后合,说道:"这两个人真是缺心眼,有驴不骑,却要抬着驴子走。"人们的笑声惊扰了驴子,驴子不停地挣扎起来,把父子俩弄得手忙脚乱。突然,驴子掉到了河里,把父子俩也都带到了河里。人们大费周折才把父子俩和驴子救了上来，看到他们如同落汤鸡一般的模样，人们笑得前仰后合。父子俩羞愧不已，无心再去赶集，赶紧牵着驴子灰溜溜地回家了。

这个故事告诉我们，一个人如果没有主见，过于看重他人的看法，那么就会随着他人看法的改变而不停地改变，最终非但没有把事情做好，还会闹得啼笑皆非。

情商高的女孩在做任何事情的时候，都应该有主心骨，虽然要积极地采纳他人合理的建议，但是却不要因为受到他人的看法影响而迷失了自己。每个人都要遵循自己的内心行动，而不要因为迷失了自我，就成为了他人的提线木偶。我们应该活在充满阳光的世界上，而不要活在别人的想法和看法之中，否则我们就会完全丧失自信。

细心的女孩们会发现，那些真正的成功者都是非常沉着冷静的，虽然他们知道真理掌握在少数人手里，但是他们并不因此就反对大多数人推崇的真理，也不因为自己掌握了真理就沾沾自喜。对于任何事情，他们都有自己的主见，也会根据事情的实际情况进行判断，从而在内心的指引下采取行动。哪怕别人说他们不好，他们也会坚定不移地做自己；哪怕别人说他们好，他们也会继续照做自己该做的事情。情商高的女孩应该向成功者学习，要和成功者一样淡定从容，坚持主见，而不要总是因为在意他人的看法而变来变去。只有这样，女孩才能坚持自己的目标和方向，真正掌握命运。

勇敢挑战，无所畏惧

对于人生，每个人都有自己的理解和看法。有人说人生就是一次冒险，在冒险的过程中，我们不知道自己将会遇见什么，得到怎样的惊喜，又将受到怎样的惊吓；有人说人生是一场未知的旅途，在旅途中，我们也许会看到美景，也许会看到令我们惊奇的事情。总而言之，面对人生，我们应该怀有坦然的态度，因为人生并不会因为我们内心怎么想就发生改变，也不会因为我们内心怎样渴望就呈现我们所渴望的样子。

但是有一点是可以肯定的，那就是命运从来不会偏袒任何人。对于每个人而言，人生都会充满了坎坷，时而风平浪静，时而欢声笑语，所以没有人是天生注定的失败者，也没有人是天生注定的成功者。一个人到底是成功还是失败，并不完全取决于先天条件。心理学家经过研究证实，大多数人的先天条件相差无几，之所以有的人能够获得成功，有的人总是与失败结缘，就是因为他们对待失败的态度不同，对待人生的态度也不同。有些人每当看到生命中充满了挑战，就会畏缩和逃避，而有的人却积极地创造机会，让自己改变命运，正是这样的积极主动与消极被动，使得人与人的人生有了天壤之别。

对于很多失败者而言，他们也曾在生命中感受过辉煌灿烂的时刻，对于很多成功者而言，他们也曾在生命中经历过黯淡无光的落寞。在漫长的人生道路上，所有人都一样希望自己能够一帆风顺，但这却总是不能如愿。每个人都会遇到坎坷境遇，只有内心强大，才能顺利度过困境。对于真正内心勇敢的人来说，不管遭遇的是平坦大路还是泥泞坎坷，都应该提振自己内心的精神和力量，坦然地面对，积极地承受。人们常说，天无绝人之路。这句话告诉我们，在生命的历程中，没有任何困难是不可战胜的，也没有任何坎坷是不能越过的。情商高的女孩要以勇敢者的姿态，从容地面对人生中所有的挑战。有的时候，为了让自己的命运发生改变，女孩还要积极地创造机会，给自己更多的可能性。

法国大文豪巴尔扎克曾经说过："对于天才而言，挫折和不幸是进身之阶；对于信徒而言，挫折和不幸是洗礼之水；对于有能力的人而言，挫折和不幸是人生之中的无价之宝；对于弱者而言，挫折是深不见底的深渊。"对于不同的人，同样的挫折却有不同的意义。对于每个人而言，人生只有经历过失败，才能变得越来越完整。人生中只有做到积极地迎接挑战，才能爆发出生命的无限潜能。既然我们面对的人生是一样的，那么我们为何不积极地去面对呢？

人们常说，既然哭着也是一天，笑着也是一天，那么为什么不笑着面对生命中的每一天呢？我们也要说，既然逃避要面对挫折，积极勇敢也要面对挫折，那么我们为什么不能以容忍的态度面对挫折呢？当我们越来越勇敢时，我们就能够借助于挫折的机遇创造出生命的奇迹。

第03章 情商高的女孩更自信，不去过分在意别人的看法

有些女孩畏缩胆怯，因为害怕遭遇失败，害怕被他人瞧不起，所以就束手束脚，面对任何可能获得成功的机会，都选择放弃。对于女孩而言，虽然获得成功是皆大欢喜的结局，但是失败却是人生中必不可少的经验。如果女孩从来不曾遭遇失败，那么她们就无法从失败中汲取经验和教训，踩着失败的阶梯努力向上；如果女孩每一次都能够获得成功，那么她们就会在骄傲自满中渐渐地停下脚步。虽然女孩是娇弱柔嫩的，但是这并不意味着女孩必须凡事依赖他人。女孩一定要完善自身的性格，要变得更加坚强勇敢，这样才能做到迎难而上。

看到这里，也许有些女孩会问：如果我们抓到了一手烂牌，那么又怎么能打出赢牌呢？的确如此，面对命运的安排，我们常常感觉到这是一场牌局，既没有办法主动决定自己抓到什么牌，也没有办法主动地选择自己想要的过程，但是女孩必须明确一点，那就是面对一手烂牌，只是抱怨根本无济于事，也不要因为心急而迫不及待地想把这手烂牌全都打出去。

拿到烂牌之后，我们要用心地规划，把它们进行重新排列组合，这样我们说不定就能从中发现契机。在有了明确的规划之后，我们再稳、准、狠地把一张张牌打出去。重要的是，在此过程中，我们要一直保持坚强的意志和乐观的态度，面对挑战，要迎难而上。只要做到这一点，我们就能把烂牌都打出好结局。

很多人都已经意识到，如今的孩子，他们不是吃苦太多，而是吃苦太少。如果孩子从小就在一帆风顺的环境中成长，从来没有品尝过失败的滋味，更没有承受过挫折的打击，这就意味着孩子会缺乏挫折教育。挫折教育不仅对于孩子是至关重要的，对于成人也非常重要。在经历挫折的过程中，我们恰恰可以借助这个契机重新认识自己，让自己加倍努力。

很多女孩都害怕遭遇挫折，其实女孩害怕的不是挫折，而是面对挫折之后会自暴自弃。只要女孩有一颗勇敢的心，只要女孩下定决心在挫折中抓住机遇，重新振作起来，勇敢地战胜自己，那么挫折就是不堪一击的。

从现在开始，每个女孩都应该越来越勇敢地迎接挑战，哪怕被挑战打败，也要无所畏惧。我们要像海明威笔下的《老人与海》中的桑迪亚哥老人一样，可以被打倒，但不要被打败。因为打倒了，我们可以再爬起来，但是打败了，我们就会一蹶不振。当然，采取积极还是消极的态度面对挫折完全取决于我们的内心，这就意味着我们掌握着主动权。那么，女孩们一定要行使自己的权利啊！

第04章

情商高的女孩更独立，有主见才能走好自己的路

> 只要樱子快乐就好。

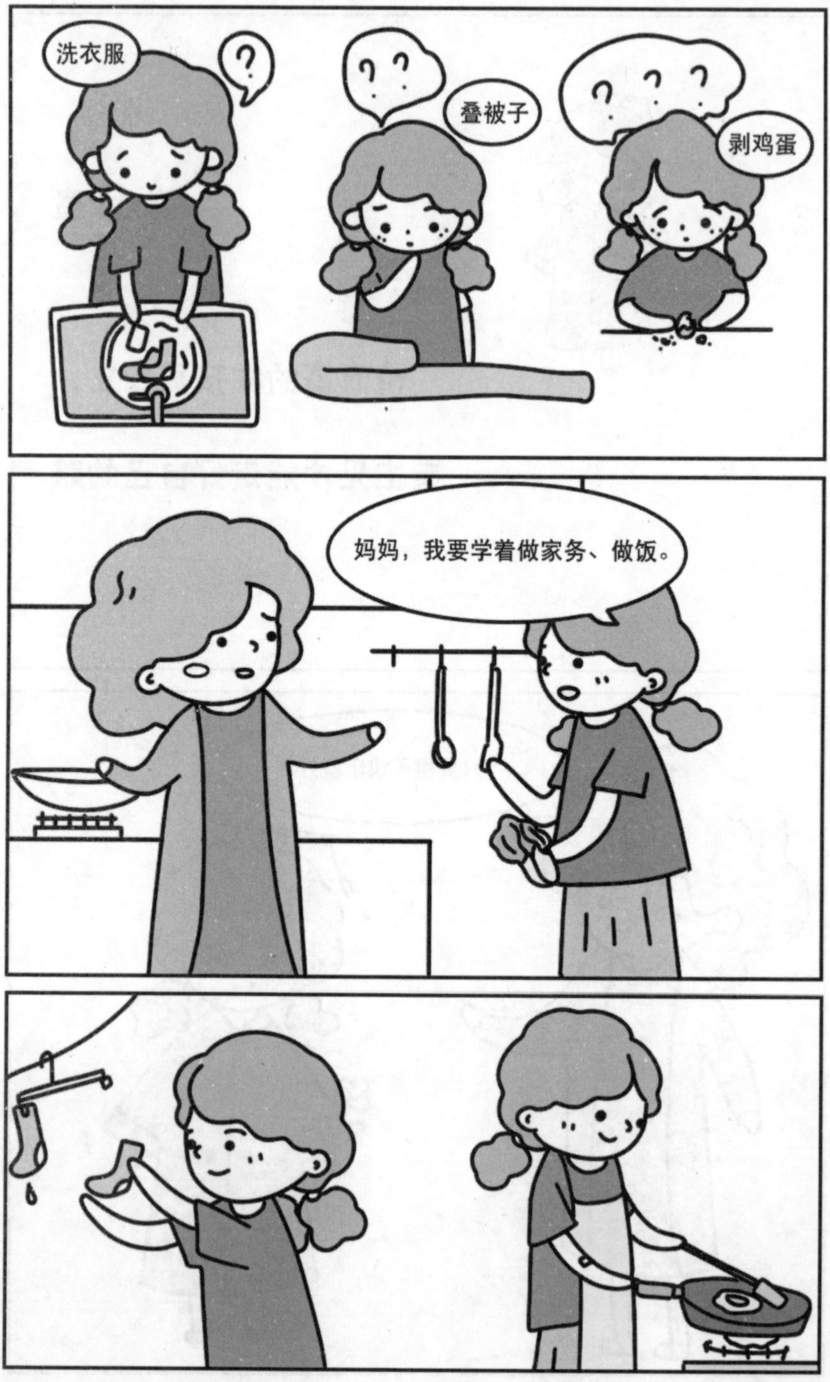
洗衣服
?
? ?
叠被子
? ? ?
剥鸡蛋
妈妈，我要学着做家务、做饭。

自立自强方能成功

情商高的女孩应该做到自立自强。所谓自立自强，就是坚持做好自己该做的和力所能及的事情，而不要凡事都依赖他人。现代社会中，很多女孩都是家中的独生女，是父母的掌上明珠，所以父母常常不由分说地代替女孩做好一切事情。长此以往，女孩就会形成依赖父母的坏习惯。在女孩小的时候，她们还可以在父母的庇护下生活。等到女孩渐渐长大了，不得不离开家庭，走入学校，走入社会，离开父母的怀抱，奔向属于自己的人生，那么已经习惯了依赖父母的女孩还能面对残酷而激烈的社会竞争，在人生的挑战中获得成功吗？这显然是不可能的。从这个意义上来说，父母要从小就有意识地培养女孩自立自强的好习惯，随着女孩能力的增强，要提供更多的机会给女孩坚持进行锻炼，给女孩更多的机会快乐地成长，这样女孩才能渐渐地成为独立的生命个体。

也有一些父母会担心，现代社会上有很多人居心叵测，会打女孩的坏主意。在这种情况下，如果女孩独立去做一些事情，是否会给女孩带来危险呢？做人不能因噎废食。对于父母而言，不能因为担心女孩的安危就彻底禁锢她们，限制她们成长。父母应该给予女孩更多的自由，教会女孩更多的安全知识，让女孩形成自我保护的意识，掌握自我保护的技能。在进行这样长久的安全训练之后，当女孩独立自主地做一些事情时，父母就不会因此而提心吊胆，担心女孩的安全了。

从小，涵涵就跟随爷爷奶奶在农村生活，她的父母都在工厂打工，离家很远。每当涵涵感到害怕或者是无助的时候，父母不能马上来到涵涵的身边陪伴她。父母常常告诉涵涵，他们是为了给涵涵提供更好的条件，所以才离开涵涵的身边。为此，涵涵小小年纪就很懂事，她从不抱怨父母不能守护在她的身边，而是尽力把每一件事情都做好。

在涵涵升入初一那一年，奶奶因为脑中风瘫痪在床，爷爷年迈，无法只靠自己的力量照顾涵涵。原本爸爸妈妈想辞掉工作回家，却又担心没有生活来源。就在这个时候，涵涵主动承担起照顾奶奶的重任。她对爸爸妈妈说："你们放心工作吧，我可以照顾奶奶。每天早晨我早一点起床，把饭做好，照顾好奶奶的吃喝拉撒，我再去学校。中午，学校离家不远，我只要一路小跑，就能赶回家帮爷爷做饭。等到傍晚我回到家里的时候，爷爷就等着吃饭好了。"听到涵涵这么说，妈妈非常担忧地问："初中学习越来越紧张，你能吃得消吗？"涵涵对妈妈说："妈妈，放心吧。你和爸爸这么多年在外面辛苦打拼都能吃得消，我还这么年轻呢，睡一觉就休息过来了，肯定能吃得消。"在涵涵的再三保证之下，爸爸妈妈决定给涵涵照顾奶奶的机会，如果涵涵真的忙不过来，那么他们再辞职回家。事实

证明，涵涵把奶奶照顾得非常好，还能照顾爷爷呢！虽然在家庭生活中投入了很多时间和精力，但是涵涵在学习上丝毫没有落后，也许是因为感受到生活的艰难和辛苦，涵涵的学习成绩比起之前反而有很大的进步。曾经，涵涵对学习不以为然，现在涵涵很愿意通过努力学习改变命运。看到小小年纪的涵涵发生了如此大的改变，爸爸妈妈欣慰极了。

很多时候，我们都不能只依靠别人，而必须靠着自己战胜困难。有的时候，哪怕我们想向别人求助，别人也未必会向我们伸出援手。在这种情况下，逼着自己勇敢地面对是最好的选择。在这个事例中，涵涵原本可以依靠爸爸妈妈，让爸爸妈妈从打工的地方回到家里，照顾好她和爷爷奶奶，但是涵涵知道全家人的生活都指着爸爸妈妈打工的工资，所以如果爸爸妈妈回家，生活一定会更加艰难。想到这里，她决定一边学习，一边照顾爷爷奶奶。看起来这是一个不可能实现的挑战，但是涵涵做到了。

相信在经过这样的考验之后，涵涵未来在面对生活中的很多难关时，都能够独自应对。毕竟对于我们而言，让他人帮忙只能是一时的，他人不可能帮我们一生一世，我们最终只能且必须靠着自己渡过难关。

作为情商高的女孩，如何才能培养自己自立自强的能力呢？

首先，女孩要形成自立的意识，具备自主的精神。作为父母，要给女孩更多的机会接受历练，要帮助女孩改掉依赖父母的心理。

其次,在生活中,对于女孩能够独自处理的一些事情,要交给她们独自处理,而不要总是代替她们去做。

最后,要鼓励女孩多多参与集体活动和社会实践。在此过程中,女孩能够得到锻炼,各方面的能力也会得以增强。总而言之,只有自立自强的女孩才能走出属于自己的人生道路,否则总是依赖他人,女孩就会成为他人的附属品,不可能真正地开创属于自己的生活。

每个人都是独立的生命个体

在这个世界上,每个人都是独立的生命体,这意味着每个人都是与众不同的。虽然有的时候,我们需要得到别人的帮助才能做好一些事情,但是别人的帮助终究只是一时,最终我们需要依靠提升自己的能力,才能在各个方面做得更好。情商高的女孩知道自己有独立的人格,也知道自己只能依靠自己,所以她们在生命的过程中往往会坚持自立自强,进而会有更好的成长表现。

在现实生活中,那些随波逐流,没有主见,总是人云亦云的女孩,在面对难题的时候往往不能独立自主地解决问题。反之,只有那些有独立见解,坚持自己正确做法的人,才能真

正地驾驭命运,也才能追求到属于自己的幸福。每个人在人生的旅程中都要为自己树立目标,也为了实现目标而不懈努力,切勿过分依赖他人。对于女孩而言,一旦形成依赖性,哪怕只是遇到小小的难题,也会试图寻求帮助,而不会积极地解决问题。如果女孩的生活只能依靠别人,那么她们就不能成为生活的主宰,也不能感受到生活的乐趣。

很多女孩之所以会依赖父母,不能以独立生命个体的姿态出现,是因为她们从小就得到了父母无微不至的照顾。这不是因为孩子懒惰,而是因为父母没有跟随孩子的成长,适时地调整方式对待孩子。在他们的心目中,孩子依然是那个孱弱而又娇嫩的生命,依然是需要他们全方位照顾才能生存下来的生命。所以,父母始终以对待幼小婴儿的方式对待孩子,这使得如今大多数孩子都不能够做到独立,他们凡事都要依靠父母代替他们去做,遇到小小的难题,他们就会向父母寻求意见,想要父母给他们拿主意。渐渐地,孩子变成了父母的提线木偶,他们没有自己独立的灵魂,不能够坚持自己的主见。不管父母说什么,他们都会完全相信,也会全盘照做。长此以往,等到父母意识到孩子始终没有长大的时候,孩子早已陷入依赖的旋涡。

樱子是一个非常乖巧懂事的小女孩,她是家里的独生女,从小就得到了父母和长辈无微不至的照顾。对于樱子,爸爸妈妈只希望樱子能够健康快乐地成长。当大多数家长都希望孩子将来能够考上好大学,出人头地的时候,妈妈却说:"只要樱子感到快乐，我就很喜欢，也会感到快乐。我只希望樱子能做自己喜欢做的事情。"原本，樱子为自己有这样的妈妈而感到非常幸运，但是在进入高中的时候，樱子才知道自己已经被妈妈养育成了一个"几不会"的孩子。

当高中住校的时候，樱子什么事情都不会做。她不但不会自己洗衣服，不会自己叠被子，就连剥鸡蛋这样的事情也做不好。开学第一天的早餐，樱子就把一个鸡蛋剥得坑坑洼洼的，惹得同学们哈哈大笑。同学们的嘲笑让樱子觉得很没面子，也非常懊恼。

周末回到家里，樱子当即向妈妈提出她要学做家务还要学习做饭炒菜。听到樱子的话，妈妈感到难以置信，她说："就你？还要学习做饭炒菜？你从来都没剥过鸡蛋壳。"樱子被妈妈提起这个茬，当即生气地说："我不会剥鸡蛋壳，不都是你惯的吗？你从来不让我剥壳，我哪里知道鸡蛋壳要怎么剥呀！但是，既然我能把其他事情做好，肯定也能做好这件事情。你只要告诉我怎么操作就行了。"

虽然妈妈极力阻止，但是因为樱子决心已定，无奈之下，妈妈只好守在樱子旁边，一步一步指导樱子。看到樱子煎个鸡蛋就让手被热油烫伤了，妈妈心疼不已。妈妈当即就要帮助樱子做饭，樱子却忍住疼，还要继续操作。在一次又一次的练习中，樱子终于能够做一些简单的家务了，她感到非常有成就感。在学校的生活中，樱子能够独立生活得很好，她为此感到

特别开心。

如果樱子始终在妈妈身边，她也许直到考上大学才会知道自己不会剥鸡蛋壳，幸好樱子在高中的时候就住校了，这避免了她在大学阶段因为不会剥鸡蛋壳而被同学嘲笑的尴尬。其实，很多女孩之所以不能独立生存，就是因为父母把她们照顾得过于周到。作为父母，要从小就培养孩子的独立能力。父母养育孩子的最终目标就是希望孩子能够从依赖父母生存的弱小生命成长为能够独立生存的强大生命。在此过程中，父母不但要教会孩子很多生存的技巧，培养孩子生存的能力，还要让孩子形成独立的精神和自主的意识。

很多父母在不知不觉间就把孩子看成了自己的附属品，他们认为孩子什么也做不好，必须依赖父母才能做好。如果父母能够把孩子看成是一个独立的生命个体，给予孩子更多的机会去亲自尝试，那么孩子就会成长得更快。情商高的女孩从来不会依赖他人，更不会依靠他人的庇护而生活，她们知道只能靠自己走好人生之路，所以尽量做到独立自主、自立自强。我们也应该向事例中的樱子学习，尽管享受父母无微不至的关爱和照顾是非常惬意的，但是锻炼自己独立生活的能力是更为迫切和重要的。只有这样，我们才能在离开父母的身边时展翅翱翔在属于自己的天空中。

要想培养女孩成为独立的生命个体，很多父母除了要教会孩子独立生存的技能之外，还要让孩子学会独立思考。很多女孩都没有独立思考的能力，当有任何问题时，她们都会首先征求父母的意见。但是这对女孩的成长是一种束缚，既然女孩想要成为独立的生命个体，那么她们就应该有自己的思考和见解，也要有独立解决问题的能力。总而言之，从依赖父母到走向独立需要一个漫长的过程。在这个过程中，只有父母和女孩齐心合力，女孩才能完成生命的蜕变。

做有主见的女孩

前文我们说过，女孩要成为独立的生命个体。那么，女孩成为独立生命个体，应该以什么为标志呢？只要具有自立自强的能力就能成为独立的生命个体吗？当然不是。能够从行为上照顾自己，这仅仅是女孩自立自强的一个方面而已。对于女孩而言，更为深层次的独立自强，意味着她们能够为自己的事情做主和负责。

情商高的女孩都是有主见的女孩，因为能够坚持自己的主见，遵从自己内心，做自己认为正确的选择，所以女孩才会获得内心的平静与快乐。这也正是人生的可贵之处。作为生命的主体，我们应该按照自主的意志努力快乐地生活。对于自己能够做决定的很多事情，情商高的女孩应该抓住每一次机会，坚决地为自己拿主意。虽然女孩在刚刚开始独立自主，做出决定

第04章 情商高的女孩更独立，有主见才能走好自己的路

的时候，不一定能够做出绝对正确和明智的决定，但是这是一个过程，只要女孩坚持去尝试，坚持承担自己做出的选择的后果，那么终会成为一个内心强大的人。

遗憾的是，现实生活中，很多女孩都是父母的傀儡，她们接受父母的指令去做各种各样的事情，每当自己与父母发生意见冲突的时候，她们就会放弃自己的意见而采纳父母的意见，这使得她们渐渐地迷失在父母的爱之中，也不能认清人生的方向。有些女孩从小到大都接受父母无微不至的照顾，甚至连每天吃什么、穿什么都要听父母的安排。例如，父母会在头天晚上为女孩准备好第二天要穿的衣服，会在头天晚上就给女孩列好第二天在学校里中午要吃的餐单。这样一来，女孩的生活就全在父母的掌控之下，她们会慢慢习惯于这样的生活。其实，她们已经到了十几岁，完全有能力为自己决定一些事情，她们却没有这样的思想和意识。有些女孩特别爱美，但是她们的美都是由父母的审美观念所决定的，她们自身不曾主动地为自己选择衣服的款式和颜色，也没有为自己选择过喜欢的书包或者水杯。在这样毫无选择权的状态之下，女孩最终会失去选择的能力，也不能做出任何微小的决定。可想而知，这对于女孩的成长而言是多么大的失败啊。

要想培养有主见的女孩，父母首先要转变观念。很多父母生怕女孩一不小心做出了错误的选择，又因为不信任女孩的能力，所以会事无巨细地关照。长此以往，女孩哪里有机会进行独立的思考，她们又怎么能够做出独立的选择呢？所以只有父母改变，女孩才能变得更加独立自主。也有些女孩不管做什么事情都会很注重父母的看法，只要父母表现出不高兴或者不乐意，她们就不敢去做。这样唯唯诺诺的女孩，看起来是很听话的女孩，但是等到长大成人之后，她们一旦离开父母的身边，就什么事情也做不成。有的时候，不是女孩离不开父母，而是父母离不开女孩，不是女孩戒不掉对父母的依赖，而是父母戒不掉对女孩的关爱。所以父母一定要摆清楚自己与女孩之间的关系，这样才能在适时适当的时候退出女孩的成长，让她们渐渐地走向独立。

欣欣虽然才六岁，但是她已经是一个非常有主见的小女孩了。每天早晨，她会自己决定要穿什么衣服，并且独立穿好所有衣服；她还会决定自己要吃什么饭，尤其是在外出就餐的时候，她总是能够点出自己想吃的饭菜。

有一次，学校里举办运动会。作为一年级的小朋友，有三个项目可以参加。小朋友们都拿着运动会的报名表回家去让父母打钩了，但是欣欣在学校里就选择了跳羊角球。老师提醒欣欣："这项运动可是有一定难度的呀，你能跳好吗？"欣欣点点头，说："我家也有羊角球，我从小就这么跳，我肯定能跳好。"老师说："尽管如此，你还是要把单子带回家去让妈妈签个字，因为妈妈有知情权啊！"欣欣肯定地对老师说："我妈妈会签字的。"第二天，欣欣果然带着妈妈签好字的单子交

给了老师。正是因为有妈妈的支持，所以欣欣在做很多事情的时候都很有主见。在这样成长的过程中，欣欣越来越独立，越来越自主，也越来越有自己的想法。

很多父母恨不得把孩子的一生都安排好，他们为孩子规划好一切，希望孩子按照他们设定的轨道按部就班地往前走，但是他们却不知道，孩子是独立的生命个体，他们应该有自己的想法，也应该有自己的坚持。作为父母，不要忽视孩子的主见，尤其是当孩子处于发展自我意识和独立性的关键阶段时，孩子正在形成自己的独立思考，父母应该多多支持孩子。哪怕父母认为孩子的决策并不是最佳的，只要孩子的决策不至于导致严重的后果，父母就应该鼓励孩子把决定付诸实践。

在孩子成长的过程中，父母只是孩子的领路人和引导者，而不可能成为孩子永远的庇护神。孩子会一天天长大，父母会一天天老去。当父母年轻力壮的时候，他们会全方位地照顾孩子，那么当父母老去了呢？这个时候，父母需要孩子的照顾，而孩子却因为从来没有得到过历练，所以根本不能承担起这样的重任。在这种情况下，父母未免会追悔莫及，却为时晚矣。

不管是为了孩子能够尽快地走向独立，还是为了自己将来能够有所依靠，父母都应该培养孩子独立自主的优秀品质。越是在遇到事情的时候，父母越是要给予孩子更大的自主决定的空间，让孩子能够坚持自己的意愿，为自己的事情打定主意，遵循自己的内心去做自己该做的行为，这样孩子才会真正地拥有属于自己的人生。

有些孩子在确定了自己的想法之后,会因为遇到困难而导致想法动摇。每当孩子有这样的表现时,父母不要指责孩子不能独立地做出决定,而是要积极地鼓励孩子继续坚持下去。很多事情在发展的过程中都不会非常顺利,在遇到坎坷的时候,孩子只有勇敢地迎难而上,才能最终度过困境。

当然,父母还要帮助孩子避开一个误区,那就是有主见并不意味着对他人的意见充耳不闻。孩子即使有主见,也应该积极地思考他人的意见是否合理,还可以适度地采纳他人的意见。这两者并不冲突,当女孩变得既有主见又善于听取他人的意见的时候,她们的决策就会因为集思广益而更加英明。

选择了,就要坚持

有主见的女孩更倾向于自己做出选择,在做出选择之后,有的时候她们因为对现状过于乐观地估计,所以往往会手足无措;有的时候,她们对困难有了一定的预期,所以在面对困难的时候就能够从容有余。不管是哪一种情况,女孩在做出选择之后,就要坚持自己的选择,而不要感到后悔,更不要因为遇到困难就动摇。

大名鼎鼎的哲学家康德曾经说过,既然我们已经选择了这

第04章 情商高的女孩更独立，有主见才能走好自己的路

条道路，那么不管遇到怎样的艰难坎坷，我们都应该坚定不移地沿着这条道路走下去。这句话告诉我们，每个人都必须具备选择的能力。对于情商高的女孩而言，选择更是她们必须学会的一项人生技能。每一个女孩都必须明确一点，那就是自己才是人生的掌舵者。只有自己主动地做出选择，才能把控自己的人生。尤其是当经过深思熟虑认定自己的各种想法都是正确的时候，女孩更不应该因为他人提出的不同意见而轻易地改变自己的想法。当女孩坚持自己的想法、选择以及自己该做的事情时，即使不能如愿以偿地获得成功，也会因为真正做了自己想做的事情而没有遗憾。

作为父母，当女孩坚持自己的选择时，应该对女孩表示支持。很多父母对女孩自主的选择怀有排斥和抗拒的态度，也许他们会当即否定女孩的选择，也许他们会选择接受她们的自主决定，但是一旦事实证明她们的选择并不那么完美，父母就会以此为契机对其进行否定。实际上，父母这样的做法对女孩心灵的打击是非常沉重的。要想让女孩成长得更加独立，父母的支持是至关重要的。女孩非常信任父母，当父母认可她们的选择时，她们会获得更强大的内心力量。当父母否定她们的选择时，她们就会对自己产生怀疑，甚至因此而裹足不前，不敢再坚持自己的选择。可想而知，父母不应该成为女孩成长的阻碍。即使女孩因为自己的选择而不得不承担糟糕的后果，父母也可以借此机会培养女孩的能力，让女孩知道只要自己努力去

做，就可以获得经验，汲取教训，即使失败了也会有所收获。这远远比无所作为来得更好，也比还没有开始就彻底放弃来得更好。在这样的情况下，女孩当然会获得快速的成长。

晨晨六岁，她听到班级里有同学说正在学习钢琴，所以也想学钢琴。妈妈知道晨晨并不了解钢琴是什么，也不知道练习钢琴多么枯燥和辛苦，所以妈妈决定先带着晨晨去兴趣班看一看钢琴，让晨晨亲手触摸钢琴。没想到晨晨在与钢琴第一次亲密接触之后，更加喜欢上了钢琴。为此，妈妈又咨询了学习音乐的朋友，朋友劝说妈妈："如果孩子不是特别喜欢钢琴，最好不要让孩子学钢琴，因为钢琴练起来非常枯燥，需要长期坚持。一旦孩子不能坚持，就会功亏一篑。"听了朋友的话，妈妈更加坚定了不让晨晨学钢琴的想法，然而不管妈妈问晨晨多少次，晨晨都会坚定不移地回答妈妈她要学钢琴。最终，爸爸为这件事情拍板，说道："既然孩子想学，那就学吧，先交一期的费用，看看孩子能否坚持下来。这么做，问题就会变得很简单，能坚持就继续缴费，不能坚持就当感受了音乐的魅力。"妈妈给晨晨交了一个学期的费用，晨晨学钢琴学得饶有兴致，虽然辛苦，但是从来没有说过要放弃。

晨晨很快就学完了一期，到了该续费的时候，妈妈又开始了纠结，她再次反复地询问晨晨是否要继续学钢琴，晨晨给出的依然是肯定的回答。有一次，晨晨被妈妈问烦了，她对妈妈说："妈妈，既然我决定了要学钢琴，再难我也要坚持。"听到晨晨说出这句话，妈妈非常震惊，她不知道晨晨跟谁学会了这句话，但是她从这句话中感受到了晨晨的决心和毅力。从此之后，妈妈再也不询问晨晨是否决定继续学钢琴了，她要尽自己最大的努力为晨晨创造最好的条件。在晨晨坚持学钢琴一年后，妈妈还花费几万元为晨晨买了一架钢琴放在家里呢。虽然钢琴的到来使家里的空间更为拥挤，但是妈妈知道这是给晨晨最好的礼物。

一个六岁的女孩就知道自己在选择之后必须坚持，那么作为成人，我们当然也要明白这个道理。有的时候父母不相信孩子，因为他们担心孩子年纪小而不能做出准确的判断。其实孩子的判断力超乎父母的想象，孩子虽然年纪小，但是他们知道自己想要什么。也正是因为他们年纪小，所以他们的心思更为单纯。当孩子坚定不移地做出选择，也能够坚持时，父母就要给予孩子最大力度的支持。

每个人在成长的过程中都会遇到各种各样的机会，每当这时，父母会忍不住对我们指手划脚，甚至恨不得代替我们做出选择。但切勿一味地迷信父母，而要忠于自己的内心。尽管父母是我们最亲近的人，也是我们最值得信赖的人，但是父母始终不能代替自己所以我们不要过于被父母的想法所左右，要想更好地抉择，我们就要询问自己内心最真实的想法，也要慎重地做出自己的选择。任何时候，我们只有坚持自我，坚持自己的选择，才能真正地创造属于自己的人生。

走出自己的人生道路

情商高的女孩要想获得快速的成长,就必须拥有强大的力量。独立精神恰恰是这种力量的重要来源,每一个情商高的女孩都想走出属于自己的人生道路,那么就应该让自己在精神上更加独立,也让自己在行动上更加敏捷。唯有如此,女孩才能驾驭自己的生命,主宰自己的命运。

情商高的女孩不应该依赖他人,独立的精神恰恰是女孩在成长过程中重要的支柱。如果女孩总是依赖他人,就会心中有所畏惧,也会顾及他人的想法,而不能坚定不移地做好自己,反而会为了迎合他人而阿谀谄媚。从这个意义上来说,具备独立的精神,是女孩必须学习和掌握的社会生存技能。女孩越是尽早学会独立,就越是能够完善自己的能力,提升自立的水平。这样一来,女孩在长大之后才能形成独立的个性,也才能获得属于自己的成就。

民间有句俗话,叫作脚上的泡都是自己走出来的。的确如此,一个人脚上的泡不可能是别人给他走出来的,这也就意味着没有人能代替女孩走好人生之路。女孩只能自己全力以赴。一岁前后,很多孩子学习走路的时候都会摔倒,这个时候,如果父母总是不假思索地冲上去扶起孩子,对孩子过度关心,那么孩子就会畏惧走路,他们会认为走路是一件可怕的事情。在确保孩子没有受伤的情况下,如果父母能够坦然地面对孩子摔倒这件事情，鼓励孩子靠着自己的力量站起来，那么孩子就会认识到独立走路时摔倒是很正常的，摔倒没关系，只要站起来继续往前走就好。

虽然很多女孩都知道要靠自己走出独属于自己的人生道路，但是当真正去做的时候，女孩们依然会面对很多困难。有的时候，女孩对困难预期不足，就会产生动摇的心理。有的时候，女孩对自己的能力评估过低，所以她们会情不自禁地寻求他人的帮助，这都会阻碍女孩的独立。作为女孩身边最亲近的人，父母要时刻坚持推动女孩不断成长，让女孩抓住更多的机会坚持独立自主，而不要总是想要寄希望于他人，要让女孩独自面对人生中很多充满艰难困苦的境遇，这样女孩的内心才会变得越来越强大。

初中毕业时，小静面对着两难的选择，虽然她的学习成绩比较好，但是她在学习上还是很吃力的，因为准备紧张的中考，已经出现了神经衰弱的症状。另一方面，小静还有个弟弟，比小静小五岁，如果小静选择上高中，就意味着她考上大学的时候，弟弟已经上初二了，很快就要考高中，这样一来，家里的经济压力就会比较大。综合考量之后，小静决定读师范类的专科，这样毕业的时候就会取得专科学历。当然，小静并不满足于获得专科学历，她想利用专科学习的时间自修本科，争取在毕业的时候就拿到本科学历。虽然自考的难度是很大的，但小静知道自己只要早早准备考试，时间上就没有那么大的压力，应该是可以顺利拿到毕业证的。听到小静的这个想法之后，原本很迟疑的爸爸妈妈却表示了支持，不过爸爸提醒小静自考之路非常艰难，还让小静做好充分的心理准备呢。

果然，自考并不是一条容易走的路。虽然小静从开始上师范的第一年开始了自考，但是直到五年专科学习结束，她也没有拿到本科文凭。原来，小静在一门与历史有关的科目考试中总是挂科，后来幸亏这门科目被换成了其他两门科目，小静才能顺利地通过自学考试。拿到本科文凭后，小静还考取了编辑证，她想成为一名编辑，与文字打交道。向来就很擅长写作，观察细致入微的小静，很适合编辑的工作。她对文字特别敏感，能够觉察出文字的异常，因而做编辑工作很轻松。后来，小静在工作上发展得很顺利，从小小的编辑做起，后来成为了主编，再后来，小静的名字开始频繁地出现在杂志的主编位置上。每当小静负责的杂志刊出，爸爸总是兴致勃勃、非常骄傲地买很多本杂志分给亲戚朋友们阅读。

今年春节，小静回到家里了。爸爸感慨地对小静说："如果当初你没有选择上师范，而是选择上高中，也许发展得还没有现在好呢！"小静坦然地说："虽然我走了这条路获得了小小的成功，但是这条路也是走得非常艰难。不过我从来不后悔，因为这是我自己选择的道路，所以我只能坚持走下去，而且要尽力走好。"爸爸对小静说的话表示由衷的赞许。

只要是自己做出的选择，不管多么艰难，我们都要去坚持；只要是自己认定的事情，不管多么艰难，我们都要去做好。小静正是因为有这样的精神和态度，所以才能够不走寻常路，反而获得了成功。

情商高的女孩要学会为自己负责。很多女孩在事情发展不如意的时候，就会把责任推卸到他人身上，或者抱怨他人，这是非常糟糕的态度。女孩应该知道，每个人不管因为什么原因而做出选择，就意味着自己是选择的主体，也是选择的责任人。唯有心甘情愿地对自己的选择负责，女孩才能更好地在自己选择的道路上走下去。如果把很多事情归咎于他人，那么这就意味着女孩放弃了为自己的选择负责，而这样的不负责任会导致女孩无法走出属于自己的人生道路。从现在开始，女孩应该坚持选择自己的道路，也应该坚决果断、无怨无悔地走好自己的道路。

第05章

情商高的女孩不抱怨，

努力提升自己不强求他人

她们打扮得好好看。

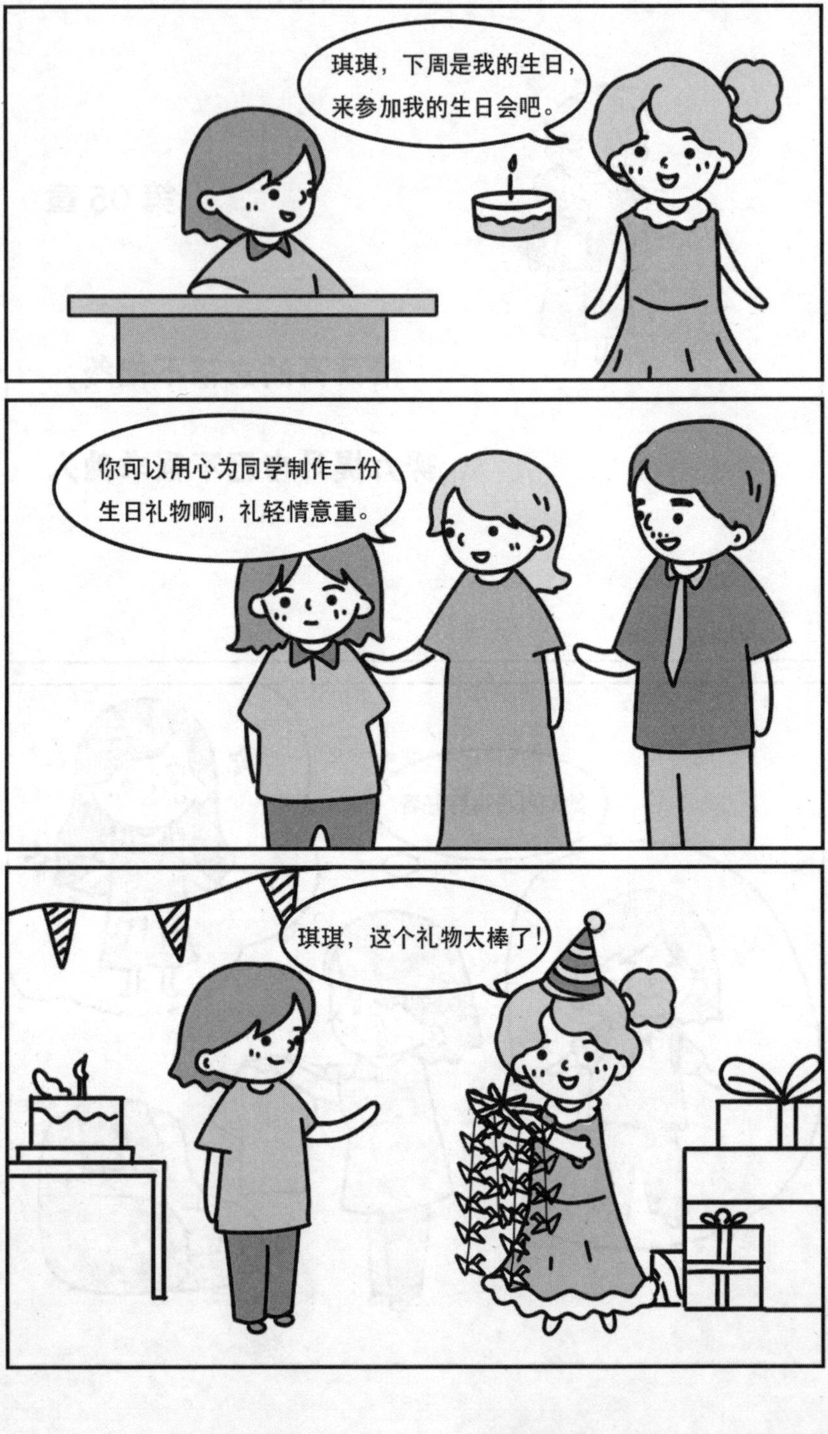
琪琪，下周是我的生日，来参加我的生日会吧。
你可以用心为同学制作一份生日礼物啊，礼轻情意重。
琪琪，这个礼物太棒了！

第05章 情商高的女孩不抱怨，努力提升自己不强求他人

不抱怨，正向表达

现实生活中，很多人面对小小的不如意，就会情不自禁地开始抱怨。在无意识的状态下，他们把责任推卸给他人，也消极地面对问题，而根本没有想到自己可以当机立断地采取行动，尽量弥补过失，解决问题。从心理学的角度来说，抱怨除了会消耗人的心理能量，导致问题变得更糟糕，给自己引来更多的麻烦之外，并没有任何积极的作用。有些女孩因为突然面对一些意外的情况，所以情绪冲动，就以抱怨的方式发泄自己的情绪。然而，在抱怨过后，这样的情绪并不能平复，问题依然横亘在面前。为了避免这种尴尬的情况发生，我们应该更加积极有效地解决问题。

每个人的时间和精力都是有限的，如果把大量的时间和精力都用来抱怨，那么在宣泄负面情绪的过程中，女孩的内心就只会更加愤愤不平。尤其是当把责任推卸给他人之后，女孩虽然暂时因为不承担责任而感到轻松，但是问题却变得越来越多。有的时候，女孩还会因此而与他人之间产生各种矛盾和冲突，因而错失解决问题的良机。显然，这都是女孩所不想看到的。所以明智的女孩会把用于抱怨的时间用来反思自己的言行举止并反观整件事情会有怎样的突破和发展。在这样的情况

下，女孩才能获得更多的进步，才能够有所成长。

抱怨会像一株杂草一样，在人的心中疯狂地生长。也有人说抱怨是慢性毒药，在抱怨日久天长的侵蚀之下，人的思想和意志都会渐渐地被瓦解。不得不说，对于生命而言，这是一个极其危险的信号，意味着我们很有可能放弃继续努力，而变得疏忽懈怠。情商高的女孩，当发现自己情不自禁地开启抱怨模式的时候，一定要产生警惕心理，要积极地改变自己爱抱怨的坏习惯，同时养成正向表达的良好习惯。

克莱门斯只有七岁，他生活在一个非常穷困的家庭里。他的父母都意识到教育的重要性，因而省吃俭用地把他送进了学校，让他读书学习。克莱门斯的老师霍尔太太是一位基督徒，她非常虔诚，每次上课之前，她都会带着全班的孩子们进行祷告。她非常用心，非常真诚，仿佛上帝真的能够聆听到她的声音一样。看到霍尔太太如此虔诚地祈祷，克莱门斯问："霍尔太太，如果我非常诚心地祈祷，我所想的一切就都能变成现实吗？"霍尔太太毫不迟疑地回答道："当然，只要你足够诚心，上帝肯定会帮助你的。"

饥肠辘辘的克莱门斯当时最大的愿望就是有一大块面包来填饱肚子。放学回到家里之后，他没有着急写作业，而是始终记着霍尔太太的话。他回到自己的房间里，关上门，摒弃外界一切的声音，无比虔诚地向上帝祈祷：我想要一块面包。然而次日清晨，当他从饥饿中醒来时，床头空空如也，就连一小块

第05章 情商高的女孩不抱怨，努力提升自己不强求他人

儿面包都没有。

克莱门斯失望极了，到了学校之后，他抱怨霍尔太太说："你是骗我的，祈祷根本不能被上帝听见，因为我并没有得到我想要的面包。"克莱门斯非常失落，他觉得自己生活得非常艰苦，连填饱肚子都做不到，仿佛失去了所有的意义。看到克莱门斯每天愁眉苦脸、郁郁寡欢的样子，父亲告诉他："你与其总是怨天尤人，祈求上帝帮助你，还不如自己努力辛苦地工作，这样你马上就会有一块面包吃。"父亲的话让克莱门斯恍然大悟。他利用学习之余去给邻居们打工，很快就赚取了一些钱，买到了想吃的面包。后来，克莱门斯始终牢牢记住父亲的话，坚信只有不抱怨才能够解决问题。他非常擅长写作，创作了大量的优秀作品，最终享誉世界文坛。他，就是大名鼎鼎的马克·吐温。

克莱门斯的家境非常贫穷。对于一个七岁的男孩而言，饿肚子是非常难熬的，所以他从霍尔太太那里得知上帝能听到他的祈祷之后，当即就请求上帝给他更多的食物。然而，上帝并没有听见他的祈祷，也没有回应他的请求。后来，他在父亲的教导下才恍然醒悟，意识到自己与其抱怨命运不公，还不如用自己的双手辛勤地劳动，这样才能赚取自己想要的面包，也为自己赢得人生的尊严。后来，克莱门斯笔耕不辍，坚持写作，成为了著名的小说家，他把命运牢牢地掌握在自己的手里。

大多数人面对生活的不幸，都会情不自禁地发牢骚，实际上这样的做法不可能改变现状。尤其是在遭遇坎坷挫折或者是

艰难的境遇时，我们更是要争分夺秒地想办法解决问题，这样才能抓住解决问题的时机，有效地解决问题。

抱怨就像是一杯毒酒，一旦我们把这杯毒酒喝下去，这杯毒酒就会伤害我们的五脏六腑，改变我们的思想和情绪情感，摧残我们的意志。所以对于"抱怨"这杯毒酒，我们一定要远离，只有把这杯毒酒泼洒到地上，然后坚决地去做自己该做的事情，我们才能真正地主宰和驾驭自己生活。

情商高的女孩应该怀有一颗积极乐观的心，面对一切事情时，都能够坦然地接受，坚强地面对，保持从容淡定的心态，保持愉快的情绪。唯有如此，女孩才能获得自己想要的快乐和幸福。如果女孩总是满心抱怨，周围散发出强大的负能量气场，那么就会将不幸带到自己的身边，使自己的命运变得更加坎坷挫折。女孩应该养成积极思考和正向表达的好习惯，在遇到一些难题的时候，能够想到这些难题会得到解决，也能够在与人沟通的时候以正确的方式进行有效表达。从而与他人进行良好的互动。当女孩坚持这么做，她们就能够生活得越来越好。

清除毫无意义的烦恼

在这个世界上，每个人都有烦恼和忧愁。很多时候，我们

第05章 情商高的女孩不抱怨，努力提升自己不强求他人

看到他人生活得快乐幸福，无忧无虑，这其实只是表象。在他人的内心深处，也一定有一些事情在困扰着他们，让他们感到烦恼。在这样的情况下，为何他人还能够保持积极乐观呢？是因为他们有一颗乐观的心。

情商高的女孩在面对人生中各种各样的烦恼时，也应该始终保持积极乐观的心态，这样才能够减少烦恼对生活、工作和学习所造成的负面影响。如果情商高的女孩知道人生中的很多烦恼其实都是毫无意义的，是庸人自扰，那么就能够从烦恼中抽离出来，让自己满心轻松地面对未来。

人们常说，岁月就像一把杀猪刀改变了人们年轻美丽的容颜。其实，岁月并不是杀猪刀，那些心态非常好的人，即使在岁月的流逝中，也依然能够保持年轻美丽的面貌。但是那些总是紧锁眉头，感到生活沉重的人，却会被"烦恼"这把凿子在面孔上凿出皱纹。有些人脸上的皱纹就像刀刻出来的一样，这就是烦恼的破坏力。对于情商高的女孩来说，一定要消除那些生活中毫无意义的烦恼，即使生活中发生的一些小事情扰乱了我们的心绪，我们也应该积极应对。如果我们因为生活中小小的波澜，就导致内心产生巨大的震动，那么我们的心里片刻也得不到安宁。

人的时间和精力是有限的，我们应该把有限的时间和精力用于更有意义的事情，而不要把它们消耗在毫无意义的烦恼上，否则我们很容易就会变得思维混乱，继而学习和工作的效

率大打折扣，质量也大幅下降。最终，我们尽管付出了很多，尽管始终背负着沉重的心灵负担，却碌碌无为。

成功学大师卡耐基曾经让人在一张纸上写下自己担心的事情。这些人列举了很多自己担心的事情，并且在纸上写下了自己的名字。卡耐基把这张纸收走之后，过了很长时间，又召集这些人回来，根据姓名把这些纸分发给他们。结果大多数人都惊奇地发现，他们所担忧的事情根本没有发生。只有一两个人担忧的事情真正地变成了现实，但是他们的担忧并没有对事情的走向和结果产生任何影响。由此可见，对于注定要发生的事情，担忧是无济于事的，反而会扰乱我们现在的心绪，使我们不能做好充分的准备，应对未来。对于那些根本不可能发生的事情，我们的担忧就更是毫无意义。

有一位作家曾经指出，每个人都在无关紧要的小事上浪费了太多的精力。心理学家也曾经指出，人们的烦恼中百分之四十是毫无意义的，只是杞人忧天、庸人自扰；百分之五十的烦恼是因为那些小事而产生的，这些小事根本无关紧要；只有百分之十的烦恼是真正的烦恼，但是人们即使始终陷入烦恼的状态之中，感到紧张焦虑，也不会对这些烦恼起到真正的作用。尤其是当有些事情已经发生，变成了客观存在的事实时，即使我们再懊恼沮丧，时光也不会倒流，事情也不会回到发生之前的状态。所以再也不要把宝贵的时间用于这些无所谓的烦恼之上了，我们应该集中精力面对当下的每一个问题。憧憬美好的未来，这样才能勇敢地直面人生。

作为一名刚刚升入初一的女孩，妞妞感到非常烦恼。在小学阶段，大家都大大咧咧的，女孩之间从来不攀比穿着。但是在升入初一之后，妞妞明显感觉到身边的女孩们更注重打扮，她们会穿着美丽的衣服，化着精致的妆容。妞妞的家境并不优渥，她的父母都是普普通通的工薪阶层，所以妞妞没有那些华丽漂亮、质地优良的衣服。在同学们的比较之下相形见绌，常常因为感到自卑而远离同学。

今天早晨，妞妞刚刚来到学校，好朋友琪琪就告诉她："下周是我的生日，周末我们会提前举办一个盛大的生日会，你来参加吧！"得到琪琪的邀请后，妞妞并不开心，一则她没有漂亮的衣服穿到聚会上，二是她不知道爸爸妈妈有没有钱给琪琪买一份拿得出手的礼物。

放学回到家里，妞妞闷闷不乐。爸爸妈妈在问清楚原因之后，苦口婆心地对妞妞说："妞妞，现在你们还小，应该以学习为重，而不要攀比吃穿。尤其是咱们家的经济条件并不好，所以你应该更要发奋图强。至于琪琪的生日礼物，我想你只要非常用心地准备，送一份特别的礼物给琪琪，琪琪就一定会感受到你的真诚和心意，她会很喜欢的。"在爸爸妈妈的安抚之下，妞妞的心情才渐渐平静下来。然而，她不知道自己应该准备什么礼物给琪琪，她也很担心琪琪会对她的礼物不屑一顾。思来想去，妞妞决定买很多彩色的便笺纸，为琪琪折999只千纸鹤，表达她对琪琪最真挚的祝福。

在接下来整整一周的时间里，妞妞每天回到家里就抓紧时间写作业，写完作业之后就开始折千纸鹤。她还买了非常漂亮的朱线，把千纸鹤串起来。等到琪琪生日那天，妞妞拿着千纸鹤送给琪琪，她非常忐忑不安，却没想到琪琪接收到这份礼物之后，兴奋到又蹦又跳。在所有的礼物中，琪琪最喜欢妞妞送给她的礼物。妞妞也得到了琪琪父母的感谢，她感到很开心。在这次生日宴会上，没有任何人因为妞妞穿着朴素而小看妞妞，虽然其他女生都穿着非常华丽的衣服，但是妞妞却得到了足够多的关注。

有些女孩会因为一些小事情而感到烦恼，是因为在她们稚嫩的心灵中，这些小事情非常重要。其实，女孩应该形成正确的世界观、人生观和价值观，只有在正确的思想观念的引导下，女孩才能坦然面对生命中的很多境遇。初中的女孩刚刚进入青春期，心理焦虑不安，情绪也很容易波动。父母发现女孩呈现消极沮丧的状态时，一定要给予女孩更多的关注，尤其是要了解女孩心中真实的想法，这样才能及时引导女孩。

古人云，庸人自扰，意思就是说，人们常常因为一些无关紧要的小事情而烦恼。对于女孩而言，当她们发自内心地认识到自己的与众不同和独特时，就不会因为自己外在的很多事情而感到烦恼。

第05章　情商高的女孩不抱怨，努力提升自己不强求他人

远离爱抱怨的人

虽然女孩已经认识到抱怨不能解决问题，反而会让事情变得更加糟糕，但是生活中依然有些人喜欢怨天尤人。不管遇到怎样的困难，发生了怎样的不如意，他们的第一反应就是马上开始抱怨，把责任推卸给他人，也把一切不如意都归结于命运。这样一来，仿佛他们把生活中的不如意与自己撇清了关系，认为不管情况多么糟糕，都和他们毫无关联。如果总是这样逃避，遇到事情采取畏缩的态度把自己藏起来，他们的责任心就会大打折扣。

爱抱怨的人身边充满了负能量，负能量是由他们的内心生发出来的，向着他们的周围扩散。因为他们本身就是充满负能量的人，所以还有很多人对于他们的负能量无知无觉，却因为自己本身充满了负能量与他们更加接近。这就像是一个负能量场，总会引来消极、悲观、厌世、沮丧等不良情绪，使得在这个能量场中心和周围的所有人都失去了好心情，就连正常的生活和学习都变成了奢望。这就是抱怨的副作用。抱怨就像是一种传染性极强的病毒，很容易在人群中蔓延开来，所以女孩除了要改掉抱怨的坏习惯之外，还要远离那些爱抱怨的人，以免自己受到他人抱怨的负面影响。

古人云，近朱者赤，近墨者黑。这句话告诉我们，很多人亲密相处时会彼此影响。情商高的女孩为了防止自己被拖入抱怨的漩涡，每当看到那些怨天尤人、满腹牢骚的人时一定要离

他们远远的。只有让自己的周围充斥着正能量，女孩才能够与更多志同道合的人在一起相处，也才能够在正能量的激励下产生更多积极的想法，做出更多切实有效的行动。

托尼·莫里森是美国大名鼎鼎的黑人女作家，她获得过诺贝尔文学奖，在文坛上占据了一席之地。不过托尼·莫里森小时候的生活并不顺遂如意，她因为家境贫寒，在12岁的时候就四处打工挣钱。为了帮助父母减轻养家的负担，每天下午放学之后，其他孩子都会回到家里抓紧时间写作业，吃一些零食，玩很多游戏，但是托尼却根本没有时间写作业，因为她放学之后要直接去富人家里干很多家务活。为此，富人家的孩子常常嘲笑托尼，甚至还会想出各种办法捉弄和欺负托尼。

富人家的孩子从来不叫托尼的名字，甚至称呼她为"黑鬼"。这是一个极具贬低意味的名称，托尼对于"黑鬼"这两个字特别厌恶，她原本甚至因此想和富人家的孩子打一架，出了心中这口恶气，但是她很担心自己在打架之后就拿不到这个月的工钱了。为此，她只能够忍气吞声地说服自己"小不忍则乱大谋"。在这样的状态下，托尼每天的心情特别压抑。

其实，被嘲笑讽刺对托尼来说还不是最糟糕的，最糟糕的是她工作的这个富人家庭里的所有人都特别爱抱怨。例如，女主人总是抱怨丈夫整天不着家，说丈夫在外面花天酒地，从来不管她和孩子的事情；男主人总是抱怨女主人太过唠叨和强势，从来不像其他女人那样高贵典雅、温柔体贴。为此，女主

第05章 情商高的女孩不抱怨，努力提升自己不强求他人

人和男主人常常发生争吵。就连他们家的孩子也总是抱怨老师布置的作业太多，手都写酸了，也没写完，还说老师布置的作业太难，让他根本不知道如何去完成。

托尼一边辛苦地劳作，一边被包裹在这样的抱怨状态之中。有一天，托尼在回到家后，满腹牢骚地说："真烦呀，我每天都有做不完的事情，我还不如不上学了呢！"听到托尼的话，妈妈感到非常惊讶，她当即提醒托尼："亲爱的宝贝儿，你的主人一家都非常喜欢抱怨，你可不要沾染他们爱抱怨的坏习惯呀，虽然你有很多事情需要完成，但是你只要一件一件地去做，总能够把所有的事情都做完、做好的。"在妈妈的提醒之下，托尼惊觉到自己的表达方式发生了改变，在不知不觉之间养成了爱抱怨的坏习惯。

意识到这一点之后，托尼马上改变了自己的这种习惯，虽然她不得不继续去富人家里工作，但是因为她内心对于抱怨满怀戒备，并且她非常注重自己的行为举止，所以她并没有变得爱抱怨。最终，托尼凭着顽强的意志力和积极乐观的心态，在艰难困苦的生活中脱颖而出，靠着学习彻底摆脱了贫穷的命运。她的作品受到了很多人读者的喜爱，她也因此而家喻户晓，成为了大名鼎鼎的作家。

生活环境对人的影响是非常大的，如果我们身边的人都是积极乐观、从不抱怨的人，那么我们在不知不觉间就会受到他们的影响，在面对很多问题的时候，也会采取积极的方式进

行思考。反之，如果我们的身边都是那些喜欢抱怨且推卸责任的人，那么我们也会形成这样的思维。幸好妈妈及时提醒了托尼，让托尼认识到自己已经沾染了抱怨的坏习惯，托尼才能够及时改变自己的心态，最终成为了一位非常优秀的作家。

抱怨对于解决问题没有任何好处。在抱怨的当时，我们看似发泄了负面情绪，实际上却是在纵容负面消极的情绪，助长抱怨的恶习。在抱怨的过程中，我们还会情不自禁地把责任推卸给他人，这也是不尊重他人的表现。有些人不但自己爱抱怨，还常常会到处散播消极的思想，使得身边的人都受到他们的负面影响。在这样的状态下，抱怨就会如同病毒一样无限蔓延开来。

通常情况下，那些爱抱怨的人都有一个非常明显的特点，那就是他们遇到小小的困难就会放弃，还会把事情想得很糟糕。有的时候，事情并没有他们想象中的那么糟糕，只是他们自己被自己想象出来的各种困难吓倒了。正因为如此，爱抱怨的人总是与失败纠缠，而很少能够获得成功。爱抱怨的人还喜欢依赖他人，每当遇到问题的时候，他们就会向朋友求助。作为他们的朋友，当我们总是被他们提出不情之请，我们也会感到非常为难。当爱抱怨者的求助无休无止时，远离他们就成为了我们的必然选择。

总而言之，我们要把自己生活的环境打造得更加积极明媚，阳光向上，那么就要远离那些爱抱怨的人。此外，我们还要戒掉爱抱怨的坏习惯，让自己变得积极乐观，这样我们才能够打造正能量场，吸引更多与我们相同的人来到我们的身边，为我们共同的生活环境贡献出自己的一份力量。

寻找有效的方法解决问题

在现实生活中，抱怨无处不在。虽然女孩还很年轻，周围并没有那些糟糕的事情发生，但是抱怨也依然如影随形。例如，女孩在学校里学习的时候周围的同学可能会抱怨学习的压力大，老师讲课的进度太快，同学之间的关系并不那么融洽。在家庭生活中，女孩可能会听到爸爸抱怨最近工作太辛苦，工作上承受了巨大的压力，或者听到妈妈抱怨家里有干不完的家务活，每天回到家里就像陀螺一样，根本没有属于自己的休息时间。在这样喋喋不休的抱怨中，女孩或者受到负面的影响，心情也变得压抑，或者不知不觉间也学会了抱怨的坏习惯。

抱怨是人心中的毒瘤，会使人的情绪变得越来越糟糕。抱怨也是一个巨大的大摆锤，会把我们的幸福如同玻璃一样敲得粉碎，让我们的快乐消失。明智的女孩从不抱怨，与其花费时间和精力用来抱怨，还不如积极地寻找有效的方法，以此真正地解决问题呢。

在鲁迅笔下，祥林嫂的形象是非常鲜明和生动的，因为遭受了命运残酷的对待，祥林嫂每次见到他人的时候，都会把自己悲惨的遭遇说一遍。刚开始的时候，人们还非常同情她，但是随着祥林嫂说的次数越来越多，那些曾经给予她同情的人们却开始嘲笑挖苦讽刺她，也开始对她感到厌烦和嫌弃。这就是爱抱怨的人在听众的心中引起了超限效应。任何事情只要超过了限度，就会起到物极必反的效果。爱抱怨的人也是如此。原本人们之所以爱抱怨，是为了得到他人的同情和帮助，但是当人们总是喋喋不休地抱怨时，他人非但不会同情和帮助他们，反而会对他们感到厌烦。所以，我们可不要当祥林嫂啊。对于人生而言，最大的悲哀不是承受灾难的打击，而是在灾难发生之后，我们从来没有摆脱灾难带来的阴影，而是一直在反复地咀嚼灾难。这样一来，灾难就会与我们如影随形，也会在我们的生命中扎根，使得我们自身和周围的人都不堪重负。

　　对于那些我们不得不面对的事情，其实可以分为两类。第一大类是不能改变的事情，这些事情是客观发生的，已经变成了事实，或者是必然要发生的，是不可能改变的。在这种情况下，我们即使再怎么抱怨也不能改变任何情况，所以抱怨就是毫无意义的。第二大类事情是可以改变的。对于这类事情，我们还有时间去抱怨吗？因为很多机会都是转瞬即逝的，如果我们只是喋喋不休地抱怨，那么就很可能会错失良机。面对这些可以改变的事情时，我们当然要当机立断地采取行动改变，继而不断前进。

第05章 情商高的女孩不抱怨，努力提升自己不强求他人

人生虽然漫长，但实际却只有三天的时间，即昨天、今天和明天。昨天已经变成了历史，成为了不可改变的客观事实；今天才是我们真正可以把握在手中的；明天虽然充满了美好的幻想，值得我们期待和憧憬，但是如果我们不能充实地度过每一个今天，我们的明天就是值得担忧的。所以对于每个人而言，人生其实只有今天这一天时间。我们只有充实地度过今天，才能够拥有无怨无悔的昨天，在回忆往昔的时候不至于因为自己表现不佳而抱怨自己；我们只有充实地度过今天，才有可能拥有美好灿烂的明天，在憧憬未来的时候因为有底气而更加充满希望和自信。

抱怨最大的恶果就是让我们失去对当下的把控。当我们沉浸于抱怨的负面情绪时，我们看不见自己正在面对什么，也不知道我们当下的做法对于未来和过去将会起到怎样重要的影响。我们误以为只要我们把心中的不满说出来，事情就会改变，其实这是根本不可能实现的。

奥地利小说家茨威格曾经说过，每当看到爱抱怨的人，就应该会躲开远远的。的确如此。古往今来，那些成功者都不抱怨，而是展开行动有效地解决问题。与此相反，那些喜欢抱怨的人则都与失败纠缠，很少有人能够获得成功。不可否认的是，命运是残酷的，会和我们开一些玩笑，但是命运不会始终对我们做出刻薄的安排。其实，命运常常会提供一些机会考验我们。那么，我们最重要的是要抓住机会，而不是与好机会擦

肩而过。

要想彻底地改变抱怨的坏习惯，让自己能够积极地寻求有效的方法，我们首先要做到的是不再追问为什么，而是反问自己应该如何做才能够改变现状。例如，有一些女孩会抱怨自己的父母为什么没有钱。其实，与其抱怨父母没有钱，不如感恩父母已经给了我们他们所能给的最好的一切，然后靠着自己的努力打拼，好好学习，积极地改变自己的命运。

在抱怨中，女孩的思维会受到限制，她们只会看到自己想看到的一切，只会把责任推卸到他人身上。在此过程中，她们失去了行动力，因为她们压根儿不知道自己才是最有权力展开行动的那个人。高情商的女孩从不怨天尤人，面对不如意的现状，她们绞尽脑汁地想出各种方法进行尝试，寻求突破，敢于自我挑战，正因为如此，她们最终才能拥有美好的未来。有一些女孩还非常积极乐观，她们面对人生的困境，非但不会怨天尤人，还认为这是命运给予自己的考验。当她们经受住这样的考验，内心就会变得更加强大，也会在向前奔跑的过程中更接近成功。

乐观面对，才能给自己疗伤

面对镜子，如果我们表现出笑脸，那么镜子里的我们也会微笑；如果我们表现出哭脸，那么镜子里的我们也会哭泣。

生活何尝不像一面镜子呢？我们的喜怒哀乐都会被生活这面镜子折射出来，当我们面对生活这面镜子的时候，我们所看到的一切，不管我们是否喜欢，都是我们真实模样的反射。所以，情商高的女孩会坚持乐观地面对生活，即使生活中有很多不如意，有突如其来的打击，她们也会积极地想办法解决问题，也会始终面带微笑，让生活感受到自己的温暖。因为她们知道，当自己投射阳光在生活的镜子上，镜子也会反射给自己阳光；而当自己投射阴影在生活的镜子上，镜子就会让自己的眼前布满阴云。

很多女孩的情商比较低，面对人生的不如意，她们总是消极沮丧，甚至陷入绝望之中。她们觉得自己只感受到生活的苦涩，并未品尝到生活的甘甜，实际上，生活从来都是苦中作乐。所以女孩要让自己有一颗感恩的心，既觉察到生活的艰难和不易，也感恩生活赐予自己的一切。

曾经有人采访一个百岁寿星，问他活了100年，跨越世纪，有没有什么特别深的感悟。这位老寿星说，生活只有一个字，那就是——熬。这个字虽然看起来非常俗气，但却说出了生活的真谛，因为生活从来不会让人完全如意，反而会把各种矛盾和冲突呈现在人们的面前，所以每个人都必须学会接受生活不如意的现状，也要熬过生活中各种艰难坎坷的境遇。生活越是给我们以打击，我们越是应该充满斗志；生活越是对我们冷眼相待，我们越是应该面带微笑，勇敢地面对。如果我们总是悲观、胆怯，那么我们就会彻底地向生活缴械投降，甚至还没有与生活展开博弈呢，就承认了自己是个彻头彻尾的失败者。对于情商高的女孩而言，必须始终牢记：只有采取乐观的态度面对生活，才能疗愈生命的一切创伤，才能让自己的内心变得无比强大。

大名鼎鼎的心理学家告诉我们，对于所有人而言，乐观不但是一种非常好的性格，而且还具有创造奇迹的神奇魔力。面对生活中的各种困境时，乐观的人具有很强大的心理免疫力，他们不会逃避畏缩，也不会对灾难缴械投降，而是能够勇敢地摇旗呐喊，迎难而上。古往今来，那些伟大的成功者都是拥有乐观心态的人，他们面对困难绝不畏缩，他们有苦中作乐的精神，正因为如此，他们才能够在人生的旅途中风雨兼程，乘风破浪。情商高的女孩要从小就拥有乐观的精神，在面对困难的时候，女孩要拥有无限的勇气。当情商高的女孩在各个方面做得更好时，她们就会变得更加坚强勇敢、乐观自信，也会距离成功越来越近。

悲观的人总是看到事物阴暗的一面，他们在事情没有发生的时候，就会预见到很多糟糕的结果。与他们相比，乐观的人却总是看到事情积极的一面，在事情没有发生的时候，他们会预估事情与自己所期望的一样美好。在这样的心理暗示之下，可想而知，悲观的人会丧失生命的力量，而乐观的人却会拥有更强大的生命力。如果说悲观的人始终生活在寒冬，那么乐观的人则生活在暖春。

当然，在顺遂如意的境况中，很多人都标榜自己乐观积极向上，但是当生活真的陷入不幸和绝望之中的时候，我们又会采取怎样的姿态去面对呢？其实，在生活越是艰难的时候，越是能够体现出我们对待生活的态度，所以女孩在面对这些困境的时候，要将其视为命运对自己的挑战，要更加勇敢地摇旗呐喊，迎难而上。只有对未来充满希望，对成功充满渴望，女孩才能够始终点燃乐观的火把，在人生的道路上高举着火把勇往直前。

女孩可以身材娇小，但是内心一定要强大；可以言语温和，但是面对灾难一定要有坚定不移的态度；可以在很多时候适当示弱，但是在关键的时刻一定要表现出强者的姿态和风范。唯有把自己当成一个真正乐观坚强的人，女孩才能变得越来越强大。曾经有位名人说过，生活中并不缺少美，只是缺少发现美的眼睛，对于女孩而言，她们的内心也并不缺少力量，只是需要乐观的精神来点燃精神的火把，让内心的小宇宙彻底爆发！从现在开始，女孩们就瞪大眼睛努力发现生活中的美吧，努力发掘自己内心的力量吧，这样才能够驾驭着命运，让人生扬帆起航！

第06章

情商高的女孩不计较,

今天吃的亏是明天的福报

老人家,您坐这儿。

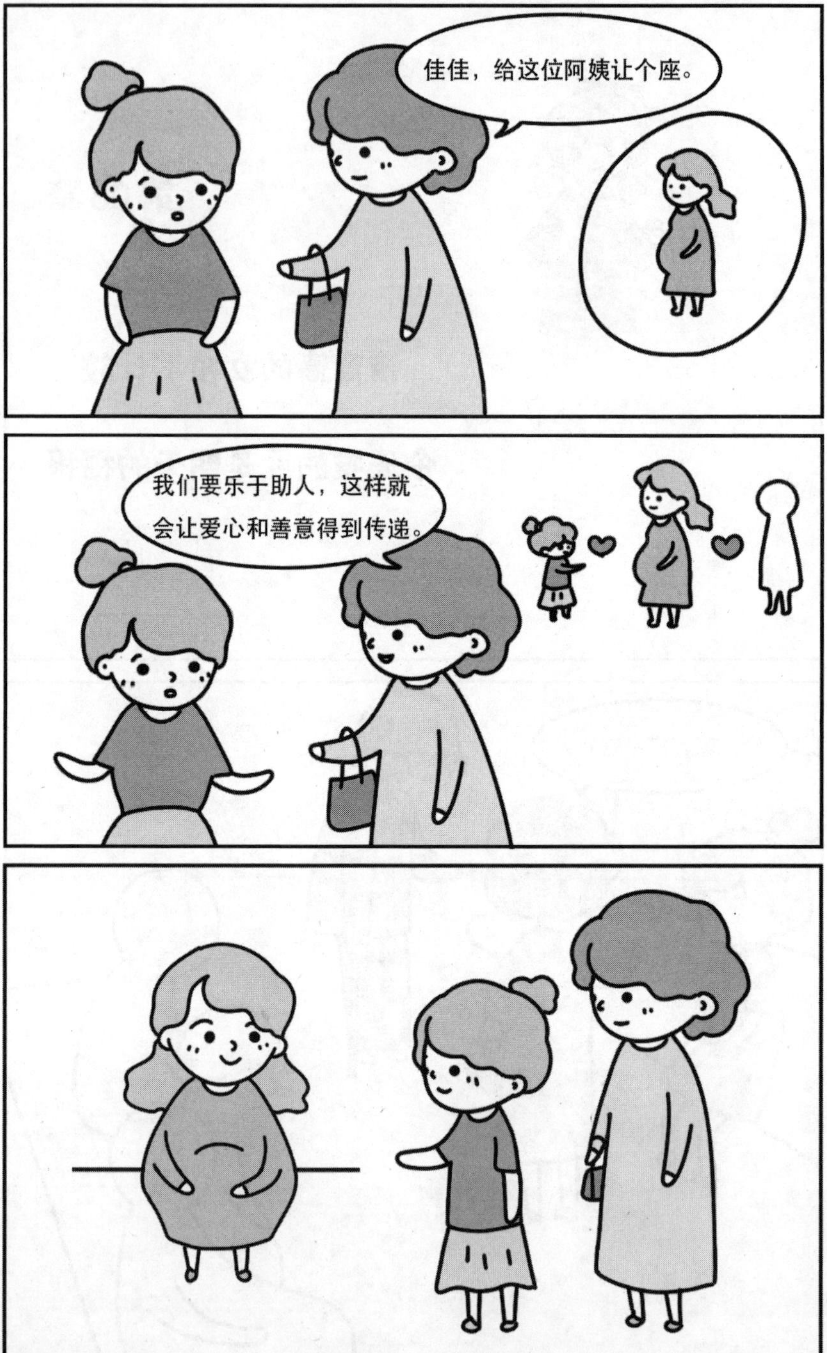
佳佳，给这位阿姨让个座。
我们要乐于助人，这样就会让爱心和善意得到传递。

第06章 情商高的女孩不计较，今天吃的亏是明天的福报

不要斤斤计较

　　细心的人们会发现，在现实生活中，那些性格大大咧咧的女孩更受欢迎。在与朋友们相处的过程中，她们不会斤斤计较自己的得与失，也不会因为在与他人交往时付出了更多，就觉得他人亏欠自己了。相反，她们就像开心果一样，总是能够给周围的人带来快乐。和这样的女孩相处，人们往往觉得很轻松。在此过程中，女孩自己也非常快乐，因为她们结交了更多的朋友，得到了真挚的友谊。与性格大大咧咧的女孩相比，有一些女孩却心思狭隘，尤其喜欢计较得失输赢。所以她们在认为自己吃亏了之后就会抱怨，认为自己在与他人交往中没有占到便宜。每当生活中发生一些不值得计较的小事时，大大咧咧的女孩往往能够让这件事情成为过去，但是那些小肚鸡肠的女孩却始终在纠结这些事情，久而久之，女孩们为此变得精神紧张，也会距离快乐越来越远。

　　不管是做人还是做事情，女孩都应该有一颗宽容的心。生活中每时每刻都在发生各种各样的事情，如果我们因为这些事情而斤斤计较，不能原谅自己，与自己较劲，也不能够原谅他人，总是与他人针锋相对，那么我们就会把自己逼入绝境。因此，我们要摆脱忧愁烦恼，让自己活得更快乐。

清朝时期,大学士张英就是一个心胸豁达之人。他在朝廷里官位很高,他的家人都在老家安徽桐城生活。有一段时间,家里的邻居要建房子,想要侵占他家的土地,为此张英的家人与邻居发生了争执和矛盾。他们谁也不愿意退让,把这件事情闹到了县衙。县官看到这两家都是当地的名门望族,所以不知道应该如何断案,因此就让这件事情耽搁下来,不了了之。

为了让这件事情尽快了结,张家老太太派人给张英送去了一封家书,在书信中讲述了事情的原委。张英得知事情的原委后,立即修书一封让来人带回去给老太太。书信的内容是:"千里修书只为墙,让他三尺又何妨?万里长城今犹在,不见当年秦始皇。"读了这封信之后,老太太当即恍然大悟,认识到三尺的土地并没有什么要紧的,最重要的是要邻里和睦,所以老太太决定把自己家的院墙往后退出三尺。看到张家如此宽容大度,邻居家也主动把院墙退让三尺,所以他们之间就形成了一条六尺巷。在历史上,六尺巷被传为美谈,不但方便了自己和邻居,而且也方便了所有的人通行。

我们也应该向大学士张英学习,在遇到一些矛盾和争执的时候,能够主动退让,让自己和他人之间有一条宽容的六尺巷,这样彼此之间就会有更大的空间做出决定和选择,而不要当斤斤计较的人,这样会导致自己人生的道路越来越窄。有些人因为心思狭隘常常走到人生的死胡同里。

斤斤计较不仅体现在利益之争上,也体现在受到伤害的时刻。有些女孩在受到他人有意或者无意的伤害之后，总是把仇恨埋藏在心里，不愿意忘记。这使得女孩一直生活在仇恨中，这样做既折磨他人，更是折磨自己。明智的做法是尽快忘记仇恨，因为我们不能用别人的错误一直惩罚自己。只有让仇恨消散，我们才能够彻底解脱自己。

还有一些女孩因为计算得太过详细，所以在与人相处的时候，总是在算自己的得到和失去。古人云，水至清则无鱼，人至察则无徒。在这个世界上，从来没有绝对完美的人，也不会有无可挑剔的事情。面对那些不如意的人或事，我们必须以更为宽阔的胸襟去面对，这样才能从那些不那么令人愉快的事情中发现更多美好，发现更多感动。

人生中有很多有意义的事情都值得我们去投入和付出，如果我们总是把时间和精力用于计较这些小事，那么我们的内心就会陷入不平衡的状态。我们既不可能得到满足，也无法保持轻松愉快的状态面对生活以及这个世界。所以情商高的女孩要学会宽容大度，不计较那些小事，这样人生才会更轻松，未来也才更加值得期待。

大多数女孩都是非常爱美的，从个人形象的角度来说，女孩要认识到斤斤计较会让自己变得很难看。这是因为宽容大度不仅是美德，也可以修缮我们的内心，让我们的容颜因为心怀天地而变得更加安详美丽。当女孩钻入牛角尖的时候，就会因为幸存者偏差的效应只看到自己想看到的一切，而忽略了其他的真善美，也因为她们只注重自己的利益，所以会在不知不觉之间忽略自己在他人面前呈现出的姿态。这样一来，女孩就会把自己丑陋的一面展示在公众面前。等到真正恢复了冷静，反思事情的经过时，女孩就会悔之不及，因为小小的利益而毁坏了自己的形象，这可是一个得不偿失的行为。因此女孩一定要控制住自己斤斤计较的冲动，要学会宽容地对待他人，大度地处理好很多事情，管理好自己糟糕的坏脾气，用真诚和友善对待身边的每一个人。大千世界，人与人之间能够走到一起就是莫大的缘分，我们应该珍惜这份缘分，也要珍惜与人相识相知相处的机会。

吃亏是福

如果女孩总是用不正当的方法不择手段地得到自己想要的一切，那么往往会导致人际关系紧张。如果女孩能够采取让步的方式表现出自己博大的气度，表明自己的高姿态，那么说不定女孩还会因此而得到更多的满足，甚至她们真正得到的东西比她们所渴望得到的东西更多呢！

清朝画家郑板桥说过，人生难得糊涂，吃亏是福。如果女孩总是过于精明，斤斤计较，那么在与他人相处的过程中就会陷入输赢得失的困局之中，无法摆脱出来。只有学习郑板桥难得糊涂的处世精神，才能够以更博大的胸怀面对世界。很多时候，女孩不必锱铢必较，说不定主动吃亏反而能够给自己带来福气呢！

　　明白了"吃亏是福"这个道理，女孩可以反思一下自己在成长的过程中是否犯了不愿意吃亏这个错误呢？有些女孩只因为他人的一点小小的错误或者吃了小小的亏，就与他人反目成仇，或者与他人针锋相对。实际上，这样做根本没有必要。人生苦短，很多身外之物都生不带来死不带去。对于人而言，真正能够获得的是自己的感受。如果人能够在从容豁达的状态下获得快乐与幸福，即使吃一点亏也是无关紧要的。当女孩学会了吃亏，她们就会更加从容地面对人生；当女孩学会了吃亏，她们就会与他人之间建立更好的关系。如果女孩总是本着不吃亏的人原则和他人相处，总是想占他人的便宜，那么女孩说不定会因此而吃大亏呢。

　　如果女孩明白吃亏是福这个道理，这不仅仅代表女孩是聪明还是愚笨，还能够说明女孩懂得忍让与舍弃。有些女孩在生活中总是咄咄逼人，显得自己非常精明强势，却不知道长此以往，她们这样的做法会侵害他人的利益。他人一次两次地因为女孩的强势而吃亏，也许不会计较，但是当他们总是因为女孩的强势而吃亏，他们就会因此而对女孩产生恶劣的印象，也会与女孩之间发生矛盾和争执。很多女孩都觉得自己不够幸福，并不是因为她们获得的太少，也不是因为她们没有良好的生活条件，而是因为她们从来不知道满足。一个真正知足的人，一个懂得谦让和宽容的人，会以吃亏为自己的福气，达到做人做事的至高境界。

人们曾经认为爱是手中的流沙，越是紧紧地攥住，越是流失得快速。实际上，生命中的很多东西都如同流沙一样容易消逝。古人云，有心栽花花不开，无心插柳柳成荫。当我们一心一意地想要强求得到某样东西的时候，我们很难如愿以偿；当我们能够放松心态，采取随遇而安的态度接受命运赐予的话，命运反而会对我们更加慷慨。女孩越是计较得失，越是容易失去；女孩越是以吃亏为福气，越是会得到更多，这是高情商的女孩必须掌握的处世智慧。

也许有些女孩会说，如果我总是坚持吃亏是福，那么我就会失去很多。女孩之所以这么说，是因为她们不懂得得到与失去的道理。有些时候，看似失去了，实际上却是得到；有些时候，看似得到了，实际上却是失去。所以女孩不要因为表面上是吃亏还是占便宜而纠结，而应该有长远的目光，在与朋友相处的时候，要知道只有主动吃亏才能赢得朋友的信任。当女孩坚持这么去做，那么在她需要帮助的时候，朋友也会慷慨地对女孩施以援手，从而帮助女孩转危为安。所以不要觉得吃亏就是失去，也不要觉得占便宜就是得到，只有正确地平衡失去与得到之间的关系，才能真正地和领悟吃亏是福的深刻道理。

对于任何人来说，付出都是更快乐的。如果女孩总是习惯于伸手向别人要,那么日久天长,这样的女孩就不能得到他人的尊重。如果女孩能够积极主动地强大自己,让自己凭着能力创造更多的财富,从而给予他人更多的帮助,那么女孩就会有更强大的内心,也会活得更加充实快乐。对于那些不得不失去的东西,女孩要更加宽容豁达。有些女孩因为已经失去的东西而痛苦不已,却不知道在此过程中她们也失去了对当下的把控。命运对于每个人总是公平的,它在给一个人关上一扇门的时候,还将为他打开一扇窗。所以,哪怕失去了一些千载难逢的好机会,女孩也不要后悔,而是要坚定地活在当下,满怀希望地畅想未来,这样女孩才能时刻做好准备,抓住各种机会,创造充实精彩的人生。

要有博大的胸怀

人们常说,小女子。一个"小"字,意味着人们对于女孩有一定的误解。古代还有一位圣人说过,天下唯独女人与小人难养也。女性之所以自古以来得到这样的评价,与大多数女性心思细腻、心眼狭小是密切相关的。正是因为如此,很多人都觉得女孩不能成大事。实际上,自古以来,巾帼不让须眉,女性同样能够做出很多惊天地泣鬼神的大事。花木兰代父从军这个故事,告诉了天下所有人:女孩也可以有男性一样博大的胸怀，也可以和男性一样做出伟大的事业。

从古至今，不管是男性还是女性，只要想成就伟大的事业，就一定要有博大的胸怀。俗话说，宰相肚里能撑船。作为女性，哪怕柔情似水、感情细腻，只要能够有如此博大的胸怀，也就能够成就大业。在汉朝时期，刘备、曹操、孙权三分天下。刘备的能力并不在曹操与孙权之上，但是刘备有一个很明显的优点，那就是他豁达大度，从谏如流。他尽管自身的能力有限，但很善于运用人才。他任人唯贤，知道自己不如张良运筹帷幄，不如萧何治国安邦，不如韩信所向披靡，所以他把张良、萧何、韩信都收在麾下，让他们为自己所用。

此外，刘备还有一个得力的干将，那就是他三顾茅庐请来的诸葛亮。换作其他的领袖人物，在第一次去拜访诸葛亮吃了闭门羹之后，也许就不会再去拜访诸葛亮了。但是刘备胸怀博大，他很想让诸葛亮为自己所用，所以一而再再而三地拜访诸葛亮，最终在三顾茅庐之后得偿所愿。可以说，与其说是诸葛亮成就了刘备的伟业，不如说是刘备的宽容博大让他自己得到了诸葛亮的信任和鼎力相助。与刘备相比，曹操虽然能力特别强，但是他却有一个致命的缺点，那就是疑心病重，心胸狭隘。正是因为如此，曹操麾下才不像刘备那样拥有那么多的人才。

曹操的谋士杨修聪明异常，但曹操并不因为杨修为自己所用而感到庆幸，相反他常常会嫉妒杨修未卜先知，并对杨修的聪明才智表现出很强烈的嫉妒心理。有一次，曹操和刘备交

第06章　情商高的女孩不计较，今天吃的亏是明天的福报

战，形势不妙，这个时候厨师端来鸡汤给曹操喝，曹操随口就告诉前来问询当日口令的夏侯惇说："今天夜间的口令就是鸡肋吧！"得知这个口令之后，杨修居然在军营里散布消息说主帅曹操觉得这场战争如同鸡肋，食之无味，弃之可惜，所以让大家做好撤兵的准备。后来消息传到曹操的耳中，曹操非常生气。从此之后，曹操就对杨修怀恨在心。后来，他找机会杀了杨修，消除了心腹大患。正因为曹操这样的性格，才失去了很多有才的谋士。

同为领袖人物，美国前总统林肯是个胸怀博大的人。在竞选总统的演讲上，一个参议员不屑一顾地对林肯说："林肯先生，我希望你时刻记住你的父亲是一个鞋匠。"听到这位参议员的话，林肯并没有生气，反而非常真诚地感谢这位参议员："谢谢你的提醒，你让我想起了我的父亲。虽然他已经离开了人世，但是我知道我做总统不可能像他做鞋匠那样优秀。"听到林肯情真意切的话，在场的参议员们全都陷入了沉默。这个时候，林肯又说："据我所知，在座的很多人都穿过我父亲亲手制作的鞋。如果你们的鞋子有不合脚的地方，我随时可以帮助你们修补它。尽管我不是一个伟大的鞋匠，但我还是可以承担起这份重任的。我为我的父亲感到骄傲。"

听到林肯不卑不亢的话，在场的人都给予了他热烈的掌声。那些曾经嘲笑他的参议员们也都由衷地敬佩他。或许正因为如此，林肯才能够连续两届被选为美国总统，成为美国历史

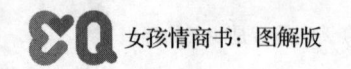

上至关重要的领袖人物。

曹操因为杨修无意之间做出的猜测,对杨修怀恨在心,杀了杨修,使自己失去了一名得力干将。林肯宁可面对他人的恶意挖苦和讽刺,却虚怀若谷,并且非常真诚地要代替鞋匠父亲为在座的一些参议员修理鞋子,这就是林肯的气度,也是林肯非凡的人格魅力。

作为女孩,虽然不是领袖人物,但是也要有宽容的气度,这是因为生活中总有很多事情会让女孩的情绪发生波动。如果女孩因为一些小事情就时而开心,时而沮丧,并且对他人怀恨在心,那么女孩就会为自己的情绪所奴役。要想做到胸怀大度,女孩就要做到以下几点。

首先,女孩要为自己树立积极的榜样,要向那些心胸开阔的人学习,并且多与他们交往。因为在与他们交往的过程中,可以学习他们为人处世的风格,以此进行自我提升。与此恰恰相反的是,对于那些心胸狭隘的人,女孩则要有意识地远离他们,以免受到他们的负面影响。

其次,女孩要端正自己的心态,不要因为一些小小的得失就与自己纠缠不休。很多事情如果往大里说就会变得很严重,如果往小里说就会无关紧要,所以女孩要学会安慰自己,帮助自己实现内心的平衡,这样才会知道自己不需要对每件事情都斤斤计较。

再次,女孩要开阔自己的眼界。女孩开阔眼界可以以旅行、读书等各种各样的方式进行。很多女孩生活在自己狭小的人际交圈子里,所见到的无非是那几个人,所经历的事情也很有限。这样一来,女孩看事情的点就会放在一个很小的背景之下,无形中就会把事情放大了。如果女孩有更为广阔的生活天地,有更为辽阔的生活背景,那么即使再大的事情放置其中也会显得并不那么重要,这样自然不会把事情看得太重。

最后,女孩要打破自己的思维局限,让自己形成新的发散性思维,还要从多个角度全面地考虑问题,这样才能拥有大格局,也更加从容不迫。

慷慨地对陌生人付出

真正心怀大爱的女孩,从来不会认为帮助陌生人是一件毫无价值的事情。有些女孩斤斤计较,总是计算自己与他人交往的得到和失去、胜负和输赢,这就使得女孩的付出显得不心甘情愿。实际上,真正心怀大爱的女孩知道,即使我们对陌生人付出了友善和爱,也并不意味着我们没有得到回报,这是因为在帮助他人同时,我们得到了的快乐和满足。此外,当我们付出的友善和爱,在社会生活中以陌生人为传递的介质去温暖更多的人时,我们其实已经得到了超出预期的回报。

情商高的女孩知道给陌生人善意和帮助,从来不是在浪费自己的时间和精力，她们也不会把陌生人看得和自己没有任何关系，更不会认为帮助陌生人对于自己而言是纯粹的付出。如果女孩总是被这些疑问所困扰而不能够做出理性的判断，那么女孩在社会生活中就会做出有失偏颇的行为。人们常说，爱笑的女孩运气总不会差，我们也要说，那些对陌生人慷慨的女孩也一定会得到这个世界的温柔对待。

人与人的关系并不能够用简单的加减乘除法进行精确地计算，这是因为很多人之间的温暖和善意都是无法精确衡量的。尤其是在他人遭遇困境的时候，我们本身帮助他人就能够获得很大的满足，又能够成全他人，何乐而不为呢？如果我们总是把帮助他人视为一种投资，在帮助他人之前就想到自己能否获得预期的回报，那么往往不能下定决心去做出自己想做的事，进而阻碍了善和温暖在人世间的传递。

有些女孩对回报的理解非常狭隘，她们认为自己如果给了他人金钱的帮助，他人就应该以加倍的金钱回报自己；自己如果帮助他人渡过了难关，那么他人在渡过难关之后就应该每时每刻都要想着给予自己更多的回报。其实这样的行为不是付出，而是一种投资。要想避免陷入这样的心态困境，女孩就要清楚投资与付出之间的区别。所谓付出，是不求回报的。现代社会中，很多人为了寻求内心的宁静，为了完善自己的人生，会特意去做一些善事，这样既帮助自己实现了人生的圆满，也得到了付出的快乐。他们从来不想得到别人的感谢，也不想从

第06章　情商高的女孩不计较，今天吃的亏是明天的福报

别人那里得到更多的回报，因为这样的付出足够让他们感到满足。如果在付出之前就奢求得到实质性的回报，那么这样的善意就不是真正的善意，而是一种价值的体现。

周末，地铁上的人依然很多，妈妈带着佳佳去游乐场玩。因为是在起点站上车，所以妈妈和佳佳都有座位。第二站时，妈妈把座位让给了一个老年人，到了第三站时，上来了一个孕妇，这个时候妈妈提醒佳佳把座位让给孕妇。佳佳很不乐意，她对妈妈说："我们要从起点站坐到终点站，我把座位让出去了，后面我就都得站着。"妈妈语重心长地对佳佳说："佳佳，你应该乐于助人呀。你帮助了别人，别人才会帮助你。"

佳佳对妈妈的话不以为然，她说："我这次帮助了这个孕妇，下一次还不一定有机会再遇到她，她怎么会帮助我呢？"妈妈笑起来，说："你这么想太狭隘了。这次你帮助了这个孕妇，将来她生下孩子，不再是孕妇，身体也恢复强壮了，她有可能会把座位让给更多需要的人。你想一想，如果你现在不把座位让给她，她觉得人情凉薄，将来就会因为没有得到善意的对待，也不愿意善意地对待他人，那么爱是不是就不能在社会上被传递了呢？"

妈妈说完这番话，佳佳若有所思，她还不懂妈妈的话里真正的意思，但是她知道妈妈说的是有道理的。经过一番思考之后，佳佳决定把座位让给了那个孕妇。没过几天，佳佳就发现妈妈所说的话是正确的。

这一天，妈妈接了佳佳放学，一起乘坐地铁回家。在路上，妈妈突然感到头晕，脸色煞白，佳佳特别无助，又因为地铁上没有信号，她也不能第一时间给爸爸打电话。这个时候，坐在妈妈面前的一位叔叔赶紧把座位让给了妈妈，还拿出了一瓶没有开封的饮料让妈妈喝，邻座的阿姨也拿出了巧克力让妈妈吃，因为他们怀疑妈妈是低血糖了。看到大家如此热心地帮助妈妈，佳佳感慨地对妈妈说："妈妈，这真是我为人人，人人为我呀！"

一个人有教养的表现就是善待他人，最终极的目的就是营造一个充满善意和美好的世界，一个人只有真正发自内心地热爱这个世界，才能对周围的人和事多付出善意。作为女孩，更是要温柔细腻，充满热情和渴望，不但要善待身边的人，也要善待自己。只有善待生命中的每一个人，女孩才能活得更加充实，也才能感受到更多的满足和快乐。

但是在对陌生人付出的时候，女孩要有所保留，要学会保护自己。虽然不求回报，只求能够得到助人的快乐，但是女孩要记住不能盲目地帮助他人。现代社会中，有一些坏人把自己隐藏得很深，如果女孩一味地给陌生人以善意，就会让自己置身于危险之中。所以，女孩在帮助他人的时候，要提前做好自我保护工作。

第06章 情商高的女孩不计较，今天吃的亏是明天的福报

记得别人的帮助

前文我们说过，要慷慨地帮助那些陌生人，而不要奢求回报。在这一篇里，我们要告诉女孩的一点是，要记得别人的帮助。很多女孩在得到他人的帮助之后，马上就抛之脑后，虽然她们知道那些人帮助自己并不奢求回报，但是她们并没有把爱的接力棒传递出去，这使得爱的传递被中断。女孩要肩负起自己的重任，固然不能获得直接的回报，却可以通过帮助更多人的方式把这份爱继续传承下去。

有些女孩非但不会回报和感恩他人，甚至还会以怨报德，对于那些帮助过自己的人满怀仇恨。民间有句俗话，叫作斗米养恩，担米养仇。意思是说，一个人从他人那里得到的越多，就越是不能做到感恩他人。反过来说，就是如果一个人长期地对他人付出，反而会被他人视为理所当然。作为女孩，可不能这样颠倒是非黑白。很多女孩都读过《农夫与蛇》的故事。在这个故事里，农夫把蛇放在自己的怀里焐暖，让蛇恢复了生命的活力，却没想到在把蛇焐热，让蛇暖和过来之后，蛇却狠狠地咬了农夫一口。这是为什么呢？这是因为农夫帮助了不该帮助的蛇。

帮助他人的时候，除了要有所保留地付出之外，还要注意选择帮助的对象。有些女孩爱心泛滥，在帮助他人的时候并不进行判断和衡量，只要看到对方有需要，她们就会慷慨地付

出,这样会使自己陷入危险的境地。例如,《东郭先生和狼》的故事就告诉了我们这样一个道理。东郭先生救了狼,却差点被狼吃掉,幸亏有一个聪明的农民走过来,把狼骗到了口袋里,用绳子扎起来,这才用锄头把狼打死。东郭先生要从这件事情中汲取教训,不能帮助狼,不能帮助那些以怨报德的人,却要始终记住农夫对他的救命之恩。

现实生活中,很多事情都告诉我们一个深刻的道理,那就是对于真心帮助过我们的人,我们切勿辜负他们;对于那些满怀同情心的人,我们不要肆意地践踏他们的同情心,否则我们非但不能让自己的良心获得安宁,反而还会因此失去朋友,失去他人的热心相助,变成真正的孤家寡人。

人与人之间能够相识相知是一种缘分,即使是陌生人之间,如果有机会产生交集,那么也是一种很深的缘分。所以,女孩要有一颗感恩之心。有些女孩从小在家庭生活中得到了父母和长辈无微不至的关照和爱,不管有什么要求都能得到父母和长辈的允诺,不管有什么欲望和要求,都能在第一时间得到父母和长辈的满足。渐渐地,女孩就会形成以自我为中心的错误想法,认为所有人都应该以自己为中心,围绕着自己转,也认为自己有资格提出一切过分的要求。殊不知,人与人之间从来没有什么应该与不应该,哪怕是父母照顾孩子,孩子也要感谢父母的付出。

中华民族有着几千年的悠久历史,知恩图报是中华民族的传统美德，理应人人都具备这样的美德。但遗憾的是，如今很多孩子总是习惯于向他人索取，而从来不愿意回报那些曾经对自己付出的人。例如，有些父母为了孩子呕心沥血，付出了一生的心血，孩子却对父母感到不满足，抱怨父母太过贫穷，或者认为父母没有给他们想要的生活。在这样的情况下，父母怎么能不心寒呢？因为有这样的思想，所以女孩们在和别人相处的时候常常因为自己占了便宜而暗自窃喜，又因为自己吃了亏而暗自伤心。这种做法其实是非常愚蠢的，因为世界上从来没有什么便宜能够帮助我们一生一世，同样的道理，我们也不会因为吃什么亏就损失惨重。和占便宜相比，吃亏更能够赢得他人的信任和尊重，赢得他人的帮助和扶持。情商高的女孩必须知恩感恩，才能继续得到他人提供的源源不断的助力。

　　从帮助者的角度来说，人们往往更愿意帮助那些有感恩之心、知恩图报的人。如果被帮助者能够做到滴水之恩当涌泉相报，那么他们就会认为自己的付出是值得的。当然，如果被帮助者因为自身情况的局限，没有机会这样回报帮助者，那么只要他们能够把这份爱传递下去，帮助者就依然认为自己的一切付出是值得的。和那些有感恩之心的人相比，缺乏感恩之心的人，哪怕是对于自己的父母也不能够经营好关系。当父母发现孩子是一个不折不扣的白眼狼，对于父母只会不停地索取时，又因为孩子已经长大，父母渐渐地就不愿意继续为孩子付出了。

　　在生活中，感恩之心是非常重要的。所谓感恩，就是知道他人对自己的好,也感念他人对自己的恩情。在有机会的情况下,尽量地回报他人,这是每个人都应该具备的良好品质。生活中有很多人和事都是值得我们感恩的,如家人、亲戚、朋友、师长等,甚至成就了我们的对手。除了生活中那些重要的人之外,生活中还有一些或者开心或者不开心的事情,也需要我们心怀感恩。例如,生活中的艰难和磨难,同样是对我们的挑战,也可以说我们之所以能成为此时此刻的模样,就是由一切经历塑造的。所以不要抱怨自己经历的坎坷磨难,也不要抱怨自己的人生。人生中总是充满了风风雨雨。正是因为有了那些事情的发生,我们才成为了我们;正是因为有了那些贵人相助,我们才有了现在的成就;正是因为受到了他人的伤害,我们才会如此睿智果断。从现在开始,女孩一定要记得他人对自己点点滴滴的付出,将其铭记在心。

学会宽容他人

曾经有一位哲学家说过,天空是宽容的,因为每一片云彩都可以在天空中自由地翱翔;高山是宽容的,因为每一块岩石都可以成就高山的雄伟壮观;大海是宽容的,因为每一滴水或清或浊都会被大海纳入胸怀。这位哲学家形象地为我们描述了什么是宽容。宽容是一种胸怀,也是一种优秀的品质,更是一种美德。对于女孩而言，要想做到宽容对人，就要在生活中怀有博爱的胸怀，不因为那些无关紧要的小事情就与他人斤斤计较，计算得失，也不因为他人有心或者无意犯下的错误就让自己生活在对他人的仇恨和憎恶之中。只有做到宽容，才能让人与人之间的关系更加亲近，让人与人之间的感情更加深厚，所以宽容是女孩最应该具备的品质。

现实生活中，很多女孩从小娇生惯养，任性霸道，养成了一个坏习惯，那就是她们不管有什么欲望，都想在第一时间得到满足。她们在自己有理的时候，就紧紧地揪住他人的错误不放，恨不得以此为借口千百次地批判他人。面对他人的错误，女孩们总是振振有词地阐述自己的理由，仿佛自己正站在世界上最庄严的审判庭中为自己进行辩护。那么，当女孩这样做时，是否能够真正反思自己有没有过错呢？

常言道，一个巴掌拍不响。其实不管发生什么事情，引发的因素都绝不仅仅只有一个。在这种情况下，女孩们应该要具有自我反省的精神，主动地认识到自己在这件事情中扮演了怎样的角色，也要明白自己对于这件事情所肩负的责任，而不要都把责任推卸给他人。此外，即使对方有明显的错误被我们发现，我们也不要揪住对方的小辫子不放。所谓解铃还需系铃人，只有引导对方进行主动反思，促使对方进行积极地改进，才能真正解决问题。此外，在人际相处的过程中，我们还要坚持"得饶人处且饶人"的原则，在合适恰当的时候给对方一个台阶下，这并不意味着我们是软弱可欺的，反而能够彰显出我们博大的胸怀和气度。

很久以前，有一个关于独木桥的故事。两个小动物走到独木桥上的时候谁也不愿意退让，它们从独木桥的两个方向向着中间进发，等到了独木桥中间的时候，依然没有意识到如果彼此都不愿意退让，那么谁也过不了独木桥。最终，它们只能一起掉落桥下。在生活中，面对很多事情的时候，我们都像是在过独木桥。要想过独木桥，我们不能争先恐后，否则只会被困在独木桥中间，真正要做的是让别人先行一步。当我们主动退让，那么别人在行过独木桥之后会向我们致以感谢。如果我们与对方宁愿两败俱伤，同归于尽，也不想互相谦让，取得共赢的结果，那么结果就会很糟糕。当女孩拥有一颗宽容的心，对于生活中那些烦恼和琐事，就会更好地消化和承受，生活也就多一份幸福和快乐。

如果所有女孩都锱铢必较，针锋相对，那么人与人之间的关系就会剑拔弩张，生活的温度也会急速下降。当年发生了全国震惊的复旦投毒案，就是因为在大学校园里，两个男生既是室友又是同学，因为妒忌，其中一人便给另外一个人投了毒，最终导致对方失去了生命。

大学校园是孩子们学习知识的地方，也是培养孩子们优秀品质的地方。然而，当极度邪恶的种子在孩子的内心深处发芽，即使再好的教育也无法帮助他们铲除心中的毒瘤。女孩在成长的过程中应该早早地培养自己宽容的意识，教会自己与他人友善地相处，这不仅能够帮助女孩结交更多的朋友，也可以帮助女孩为自己打造和谐温暖的生存环境。

当然，如果女孩不小心伤害了他人，想要得到他人的谅解，那么需要注意的是，不论我们的行为是有意的还是无意的，也不论我们的行为给对方造成了怎样的伤害，我们都不要推卸责任，而是要积极主动地向对方承认错误，表达歉意。在这个世界上，每个人都会犯错，只要是人从事的工作，就会出现各种各样的纰漏，但是这并不意味着我们可以为自己推卸责任，要记住只有主动认错才能够赢得他人的谅解。

俗话说，退一步海阔天空。不管我们有意还是无意地伤害他人，或者我们被他人有意无意的行为所伤害，我们都应该心怀宽容，这样才能够让人与人之间的关系变得更加美好。有的时候，宽容他人也就相当于原谅了自己。很多人生活在对他人仇恨中，让自己的一生都被仇恨所绑架，这显然是对自己最严酷的惩罚。从这个意义上来说，女孩有一颗宽容的心，不仅是对自己宽容，还能让自己的人生变得更美好和谐。

宽容自己

俗话说，金无足赤，人无完人。这句话告诉我们，一个人不可能永远不犯错误，在这个世界上也不存在绝对完美的人。犯错正是每个人成长和进步的重要方式，每个人在有意或者无意之间都会犯下各种各样的错误，除了错误之外，每个人天生或者在后天成长的过程中都会形成这样或者那样的缺陷。面对这些天生的残缺或者后天形成的缺点，我们应该怀有宽容的态度，而不要总是与自己较劲。对于那些生理性的缺陷，即使我们再怎么懊丧也无法改变造物主的决定，对于那些在成长过程中导致的不如意，如果我们能够改变的话，则要积极地改变，对于不能改变的一切，则要坦然地接受。

现实生活中，很多女孩都习惯于和自己较劲。她们总觉得自己不够完美，经常抱怨自己没有做出更好的表现。在这样的过程中，她们持续地否定自己，这样做会给自己带来很多负面的感受，导致自己彻底丧失了自信。其实，女孩应该意识到只有对自己怀有宽容之心，积极地肯定自己，让自己有更好的成长，一切才能够发展得更顺利。反之，如果女孩总是否定和打击自己，认为自己一无是处，那么女孩渐渐地就会信心全无，自然也就不能做出更好的表现。对于生活中的一些事情，女孩只要尽力而为就可以了。反之，如果女孩没有全力以赴去做好，那么自然是会有遗憾的。所以我们应该尽人事而知天命，当我们全力以赴地做好每一件事情，即使没有获得预期的结果，也没有什么可后悔的，因为我们在此过程中提升和完善了自己。

第06章 情商高的女孩不计较，今天吃的亏是明天的福报

宽容自己还表现在要正视自己的错误。人非圣贤，孰能无过，每个人都会犯各种各样的错误，尤其是成长的过程中更是充斥着形形色色的错误。犯错不可怕，最重要的是我们要以积极的态度面对错误。如果我们总是以麻木、冷漠的心态去面对错误，不能做到积极地改正错误，那么我们就会被错误阻碍而不能快乐地成长。当错误发生的时候，就已经变成了客观存在的事实，哪怕我们再怎么懊悔，都不能让时间倒流，也不能让错误完全消除。在这种状态下，女孩不要埋怨自己，也不要责备自己，唯一需要做的就是勇敢地面对自己的错误，反思自己的行为，从而避免再次犯同样的错误。

在检查错误之后，接下来要做的就是宽容自己。既然每个人都会犯各种各样的错误，女孩所犯的错误也就是成长的必然，那么，我们为何要与自己过不去呢？还不如选择原谅自己，让自己能够以更坦然的心态汲取教训，然后继续快乐的生活。总之，女孩要学会谅解自己，很多事情都是既来之则安之的，如果我们总是懊悔一些事情的发生，又奢望一些事情按照自己预期的方向发展，那么显然会让自己因为不能实现心愿而感到异常痛苦。每个人都是自己的主宰，都要跟自己和解，如果总是跟自己过不去，就会让自己陷入生活的泥潭无法自拔。

每个人在一生之中都会犯数不清的错误。如果每个人对每一次错误都牢记在心，那么生活就会像背负了千斤重担一样，无法轻松愉悦地继续下去。我们只是生活中的一个小角色，对

于整个宇宙来说，我们更是连一粒尘埃都算不上。所以我们既不要把自己看得过于重要，也不要妄自菲薄，每个人只要做到问心无愧，坚持做自己认为正确的事情，做好自己该做的事情，对生活怀有认真和善的态度，这就已经非常美好了。

大名鼎鼎的音乐家帕瓦罗蒂正在进行一场重要的演唱会。当演唱进行到关键时刻时，帕瓦罗蒂却突然停了下来。帕瓦罗蒂站在舞台中央，不再发出声音，在场的所有人都目瞪口呆了，就连伴奏乐队也突然停止了伴奏。这个时候，帕瓦罗蒂向观众们深深地鞠了一躬，对观众们说："很抱歉，我居然忘词了，希望大家能够原谅我。我会重新开始表演。"听到帕瓦罗蒂在众目睽睽之下这么说，大家都惊讶不已。沉默片刻之后，所有观众都给予了帕瓦罗蒂热烈的掌声。掌声犹如浪潮一般连续不断，它带来的温暖和善意让帕瓦罗蒂感到特别放松。

后来，记者采访帕瓦罗蒂对于这次演唱会的感受，提醒帕瓦罗蒂说："其实你在忘词的时候，只要假装做出口型，大家就会认为是麦克风坏了，而不会怀疑到是你忘词了。"对于记者的建议，帕瓦罗蒂笑着说："我觉得没有必要掩饰自己的错误，这个错误并不是我故意犯下的，我相信观众都是善意的。而且我如此真诚，我相信他们会感受到我的诚意。如果我假装做出口型唱歌，一旦被观众们识破，那么我在他们心目中的形象就会一落千丈。"听到帕瓦罗蒂这样的回答，记者敬佩地连连点头。

很多人都会因为紧张而忘词，就算是那些身经百战的歌唱家，在面对众多观众的场合里，也往往有脑中一片空白的尴尬时刻。帕瓦罗蒂面对忘词这样的错误，并没有刻意掩饰，反而非常坦然地承认。正因为如此，他才能够赢得观众的宽容和谅解。

很多人在犯错之后，会尝试用一个新的错误来掩饰之前的错误，这就像是谎言。有人说只要说了一个谎言，就要再说100个谎言去圆满它。如此一来，谎言就如同滚雪球一样越滚越大。对于错误，我们也不要试图用一个错误去掩饰之前的错误，否则我们的生活就会成为错误的排练场。任何时候，真诚都应该是我们最好的姿态，尤其是对于女孩来说，必须真诚友善地对待他人，才能得到他人同样的对待。

很多情况下，我们表现得并不像自己预期的那样好，没关系，我们应该接纳自己一切的表现。要知道，那就是我们最真实的自己。最重要的是不与自己较劲，对于那些客观存在的事实，任何的抱怨、懊恼等情绪都不能改变事实，只有从容面对，勇敢地改正错误，提升和完善自己，我们才能变得越来越强大。

第07章

情商高的女孩懂感恩，美好的心灵让女孩更动人

> 小川，你不要擦玻璃了，我很快就会把我的工作做完，我来帮你擦玻璃。

我要加快速度。

珍珍,你可真好呀,一个人干了两个人的活!

没关系呀,平常你也帮助了我很多。

女孩要诚实守信

古人云，人无信而不立。这句话告诉我们，一个人要想立足于社会，就必须具备最基本的品质，即诚实守信，讲究信誉，信守诺言。对于任何人而言，诚实守信都是一种优秀的品质，女孩要想在成长的过程中赢得他人的尊重和信任，就要坚持培养自己诚实守信的品质，也要以诚实守信作为做人做事的基本原则。诚实守信不但有利于女孩促进自身的成长，在人际交往的过程中，诚实守信也是女孩立足的基石。如果女孩缺乏诚实守信的品质，总是不能兑现自己的诺言，那么日久天长，人们就会失去对女孩的信任。因此，不管在什么时候，女孩都要把诚信作为自己为人处世的首要原则。

曾经有一个小孩去山上放羊，他几次三番地喊狼来了，把周围正在忙碌的农民和正在牧羊的牧羊人骗到自己的身边。等到人们惊慌失措地扛着各种工具来打狼的时候，却发现小孩正躺在山坡上优哉游哉地晒太阳呢，看到人们被他骗了，小孩高兴得哈哈大笑。结果，等到狼真的来了，小孩惊恐地求救时，再也没有人相信他的话了。

那么，这件事情的结果是如何造成的呢？不是因为人们感情冷漠，也不是因为人们不关心小孩的死活，而是因为他总是恶意消费人们对他的信任，消费人们的善良。时间久了，次数多了，人们不愿意再被他这样戏弄了。有些人总是习惯于说假话，又在说出了一些话之后不能兑现诺言，日久天长，他们就会失去他人的信任。即使他们说的是真心话，即使他们在说完这些话之后发誓要践行这些诺言，也没有人愿意相信他们。在这种情况下，他们与周围的人无法沟通和交流，生活也会受到严重影响。所以女孩一定要始终坚持诚实守信这条原则和底线。

周末，小米和好朋友川川一起去商场玩。小米和川川最喜欢逛饰品店了，因为她们都很喜欢看那些闪闪发光、款式新颖的饰品。在饰品店里，顾客盈门，小米看到了一个非常漂亮的蝴蝶结发卡。她拿起这个发卡问老板价格，但是接连问了好几次，老板因为忙于照顾身边的几位顾客，忙着收钱，所以丝毫没有听见小米的喊声。这个时候，小米心中不由得怦然一动，她想：如果我趁此机会把发卡放在口袋里，只有天知地知，这么想着，小米鬼使神差地把发卡放到口袋里带回了家。

回到家里之后，妈妈发现小米有了一个漂亮的发卡，感到非常惊讶。妈妈知道小米没有钱买这个发卡，因而追问小米发卡的来源。无奈之下，小米只好把发卡的来源告诉了妈妈。妈妈严肃地批评了小米，对小米说："你必须把发卡送回饰品店，并且向老板道歉，然后给老板付钱之后再把发卡带回来。"妈妈给了小米一些钱，小米拿着钱去了饰品店。她当着老板的面承认了自己的错误，并且想要给老板付钱。看到小米这样的举动，老板非常感动，他决定把这个发卡送给小米，但是小米可不能要这个免费的发卡呀，她还是坚持向老板付了钱。回到家里之后，妈妈对小米说："这件事情是一个深刻的教训。虽然你去付钱了，老板也原谅了你，但是你的行为却是错误的。为了让你记住这次教训，我决定惩罚你在一周之内都不允许看电视节目，也不允许进行其他的娱乐活动。希望你能够牢记这个教训，不要再犯同样的错误。"小米默默地点点头。

对于孩子所犯的和诚信有关的错误，父母要非常重视，要及时纠正孩子的不良行为。就像事例中的小米妈妈一样，在得知小米从商店里顺手牵羊把发卡拿回家之后，妈妈及时批评小米，并且给了小米钱，让小米去改正自己的行为。曾经也有一个妈妈发现孩子从邻居家偷了针线。但是，这位妈妈的做法却截然不同。她非但没有责骂孩子，训斥孩子，为孩子指出错误，反而夸赞孩子做得对，为家里带来了不用花钱的好处。结果，孩子变本加厉，偷窃成性，从偷一根针开始，到最后居然发展成抢劫金店，偷窃了很多黄金珠宝。由于涉案金额重大，他被判处以严厉的刑罚。这个孩子在看到妈妈的时候，恨恨地对妈妈："我恨你，是你让我变成这样！"作为妈妈，不知道在听到孩子这样的指责之后，又会作何感想呢！

很多孩子因为年纪小，对于是非并没有明确的判断。在这种情况下，父母要坚持为孩子把关，有些父母为了小小的利益，不愿意指出孩子的错误，这其实是在纵容孩子，必将使孩子在错误的道路上越走越远。每一个孩子不管出自优渥富裕的家庭，还是出自贫困家庭，都应该坚守自己做人做事的底线，而不要因为受到利益的诱惑就违反做人的原则和底线。

现实生活中，只有坚持诚信，我们才能得到他人的尊重和信任。对于每个人而言，要想在社会生活中立足，获得自己想要的成功，就必须将诚实守信作为人生的准则，对于那些自己不能做到的事情，千万不要轻易许诺。对于自己力所能及的事情一旦做出承诺了之后，就要努力做到，这样才能养成诚信的优秀品格，也才能在他人面前树立自己权威的形象。

拥有感恩的心

什么是感恩呢？所谓感恩，就是当得到他人的恩惠之后，能够发自内心地对他人表示感谢。感恩不仅是一种优秀的品质，还是一种做人的智慧，也是一种美好的感情。心怀感恩的女孩在生活中总是能够发现很多美好，也能感受到世界的温度，所以她们会以同样的姿态回报这个世界。她们的内心充满阳光，充满希望，也充满力量。

在这个世界上，所有人都在接受恩赐，这些恩赐包括阳光雨露的照射和滋润，新鲜的空气以及大树的荫凉等。在学校里，孩子们要接受老师的教诲，学习更多的知识，还要通过同学的帮助完成艰巨的任务；在家庭生活中，孩子们要在父母的照顾下健康快乐地成长，遇到困难的时候还要得到父母无私的付出和帮助。大自然是所有人的母亲，在自然的环境中，一切的生命都在繁荣地生长，所以我们应该学会感恩。我们要看到自己从世界中所取得的一切，也要知道世界在无私地供养着我们。只有心怀感恩，我们才会更加珍惜生命，才能够真正地获得幸福。反之，如果一个人没有感恩之心，那么他就会：每当下雨的时候，抱怨雨水太大淋湿了衣服；每当阳光强烈的时候，抱怨阳光太刺眼，让他没有地方可以躲藏；每当父母管教他的时候，抱怨父母没有给他自由；每当老师教给他知识的时候，抱怨老师给了他太大的学习压力。换一个角度来看，别人给我们的帮助就会变成对我们的伤害，关键在于我们是感恩这一切，还是抱怨这一切。女孩一定要有感恩的心，不要觉得自己得到的一切都是理所当然的，只有心怀感恩，认为这一切都是命运的恩赐，女孩才能更加地感谢自己所拥有的生命，以及生命中出现的一切。

对于女孩而言，最应该感恩的就是自己的父母。新生命从呱呱坠地开始就要依靠父母的照顾才能够生存下来。其次，女孩还要感谢自己的老师。古诗云，春蚕到死丝方尽，蜡炬成灰泪始干。这句话把老师对孩子的付出描绘得淋漓尽致。老师就像是一根蜡烛，她把自己燃烧了，却给我们带来了光明；老师就像是辛勤的园丁，当我们作为一棵小树苗在成长的过程中遭遇各种坎坷磨难的时候，他们精心地给我们施肥，为我们捉虫，让我们能够茁壮地成长，也让我们最终收获了丰硕的果实。如果一个孩子不知道感恩父母和老师，那么对于生活中的其他人，他们就更没有感恩之心了。

有些女孩对于感恩之心存有一定的误解，她们认为我们应该只感恩那些对我们至关重要的人，如在危难时刻救了我们的人，在我们最需要的时刻给我们雪中送炭的人。的确，那些救了我们并且对我们雪中送炭的人，是值得我们感恩的，但是我们更应该感恩的是生活中出现的人，也就是我们身边的人。除了父母和老师之外，我们还应该感恩同学，感恩朋友，感恩道路上的清洁工，感恩小区里的物业人员，正是因为有这些人存在，我们的生活才能够井然有序，正是因为有了他们的默默付出，我们的生活才会更加美好。

我们既要感恩那些在关键时刻对我们伸出援手的人，也要感恩在平常的生活中保护和守卫我们的人。每个女孩都应该学会感恩，要懂得在世界上每一个生命的成长都离不开万物的滋养，也要意识到自己的成长同样离不开很多人给予和帮助。

除了感恩那些对我们有所帮助的人之外，女孩还要学会感恩对手和敌人。俗话说，看一个人的底牌，就看他的朋友；看一个人的实力，就看他的对手。对于女孩而言，如果遇到强劲的对手，那么就能够激励她们更加奋发向上；如果遇到的对手并不强劲，那么女孩就会因此而疏忽大意，甚至无法提高自身的水平。除了感谢那些在我们的生命出现的人之外，我们还要感谢生活中那些充满坎坷磨难的时刻，正是这些艰难的时刻磨砺了我们的心性，让我们变得勇敢坚强。总而言之，命运赐予我们的一切成就了现在的我们，如果没有这一切，我们也就不复存在了。所以我们要对所有的人和事都心怀感恩，也要真正地敞开怀抱拥抱生命。

助人就是助己

对于帮助他人，很多女孩都怀有犹豫的态度，她们觉得如果帮助身边熟悉的人，还能得到回报的机会，如果帮助那些陌生人，有可能付出就像流水一样一去不返，其实这是女孩对于付出的误解。西方国家有句谚语，叫作赠人玫瑰，手有余香。意思就是说，当我们买玫瑰送给别人的时候，我们的手中依然残留着玫瑰的香气。这告诉我们在帮助他人的时候，我们得到的香气就已经是对我们最好的回报了，因而不要再奢求更多的回报。其实帮助他人的时候，这香气就是我们获得的满足与快乐。除此之外，在帮助他人的时候，我们其实也是在帮助自己。有的时候，我们只是帮助他人做了一件很微不足道的事情，但是我们的内心却因此充盈而温暖，这件事情甚至还能够改变我们的心态，让我们认识到生命的美好。

每个人都要有感恩之心，这是因为每一个生命存在于世界上都受到万事万物的供给。人类作为万物的灵长，更是离不开他人的帮助和付出，才能生存。生活中，我们应该改变一味索取的心态，要认识到很多时候付出比索取更快乐，也能够让我们获得更多的满足。女孩应该培养自己助人为乐的优秀品质，要懂得关心他人，关爱他人，也要懂得帮助他人。只有把自己作为一个能量的发散场给世界增加温暖，女孩才能生活在更加温暖的环境之中，也才能结交更多的朋友，收获更多的友谊。有的时候，女孩无心之间帮助了一个陌生人，却因此获得了自己得到了意想不到的回报，这何尝又不是一种善报呢？

遗憾的是，现实生活中，很多孩子都缺乏感恩之心，也不愿意帮助他人，这与孩子们生活的实际环境密切相关。大多数家庭里都只有一个孩子，父母和长辈总是把孩子视为掌心里的宝贝，对于孩子的一切要求都无限度地满足。长此以往，孩子就不能够积极主动地帮助他人，导致很多孩子在乐于助人这方面做得非常不好。

女孩要想形成乐于助人的优秀品质，先应该改变只以自我为中心的错误思想。她们误以为整个家庭都围着她们转，所以整个世界也都应该围着她们转，却忽略了世界上有无数个以自我为中心的小宇宙正在爆发。女孩们应该意识到，要想得到他人的关注，首先应该关注他人；要想得到他人的帮助，首先应该帮助他人。只有去自我中心化，女孩们才能做到心中怀有世界，也才能更好地关注他人，最终形成乐于助人的优秀品质。

第07章 情商高的女孩懂感恩,美好的心灵让女孩更动人

在熟悉的人之中,如果女孩总是非常热情地帮助他人,那么就相当于是在帮助自己。每次帮助他人,女孩就是在自己的人情账户上存款。渐渐地,女孩的人情账户上的储蓄越来越多,这是女孩获得他人帮助的资本。举例而言,在女孩需要帮助的时候,那些曾经得到女孩帮助的人,只要对女孩的帮助牢记于心,那么一定会对女孩的滴水之恩当作涌泉相报。反之,如果女孩从来没有帮助过他人,一直在向他人索取,也从来没有回报过他人,那么等到女孩再次需要帮助的时候,只怕他人只会袖手旁观。现代社会分工越来越明确,合作也越来越细致,如果总是单打独斗,孤身一人,那么即使她们能力再强也不可能获得成功,更不可能完成艰巨的任务。女孩只有把自己融入人群之中,让自己变成人群中的一滴水,才能在社会生活中做出更加出色和卓越的表现。

爱默生曾经说过,人生最美丽的一种补偿,就是在真诚地帮助他人之后,才发现原来在帮助他人的过程中也帮助了自己,让自己得到快乐,让自己得到满足,也让自己得到切实的回报,或者是给整个社会带来了温暖。对于每个有困难的人而言,哪怕是他人给予的小小帮助,或者是一句充满鼓励的话语,都会给他们造成积极的影响。所以,我们不要吝啬自己的善意,而要对他人心存感激,也要积极主动地散发出温暖,给他人带来快乐。

世界之所以美好,就是因为每个人都怀有一颗乐于助人的心,反之,如果每个人都只想向他人索取,而不愿意付出,那

么世界就会变得冷漠无情。在人际交往的过程中，女孩只有首先对朋友付出，才能得到朋友的回报。如果女孩总是向朋友索取，那么最终朋友一定会拒绝女孩的请求。所以从现在开始，女孩再也不要抱怨自己没有得到帮助了，只有先积极地帮助他人，才能如愿以偿地得到来自他人的温暖和善意。

善良的女孩最美丽

常言道，人善被人欺，马善被人骑。这句话告诉我们，人在适当的时候应该强势一点，否则就会因为善良而吃亏，或者因为善良而被人欺负。为此，很多女孩都不喜欢自己被贴上善良的标签。这仿佛意味着她们常常吃亏，常常冒傻气。实际上，这是女孩对于善良的误解。虽然现代社会中经济发展的速度很快，人心越来越浮躁，人们往往习惯于用金钱得失来衡量很多事情，但是感情依然是无法用金钱和物质来衡量的。善良的人并不会被人欺负，善良的人也不是软弱无能的。与此恰恰相反的是，善良是一种每个人都应该具备的优秀品质，也应该是一种真正的美德。善良的人在与他人相处的时候总是满怀着热情，真诚待人，他们也许不会把话说得非常圆滑，但是他们说的一定是真心的。他们也许不会把事做得很周全，但是他们一定会以自己的方式对他人表示善意。很多人都喜欢和善良的人在一起，这是因为和善良的人在一起不用勾心斗角，也不用斤斤计较，和善良的人在一起内心轻松愉悦，彼此坦率真诚。

每个人的时间和精力都是有限的，每个人的脾气秉性也是不同的。正是这些方面的因素决定了人与人之间不可能全都保持着亲密无间的关系。即使在以善良为前提的情况下，大多数人也只是与自己的少数朋友保持着亲密无间的关系，而与绝大多数人都保持着点头之交或者是客套的关系。作为女孩，如果想把一段关系发展得更为亲密，就应该以善良为敲门砖。善良的女孩会结交更多的朋友，得到朋友们的喜爱，除此之外，善良的女孩还会在朋友圈之中形成很强大的影响力，不管走到哪里都受人欢迎。这是因为每一个朋友都会感受到善良的女孩散发出的强大气场，也都会受到善良女孩的感染和影响，因而怀着善意对待女孩。虽然善良是一种非常美好的品质，善良的女孩也是最美丽的，但是在某些特殊的情况下，善良也会引起人的误解，遭到人的非议。所以女孩尽管要善良，却不能毫无原则，而且要区分时间和场合，这样才能把善良发挥得恰到好处，也才能够保护好自己。

在日常生活中，女孩儿要怎么做才能让自己变得更善良呢？

首先，女孩要有共情的能力。善良的女孩往往都是富有同情心的，如果没有共情的能力，那么当别人遭到伤害或者是感到为难的时候，女孩就不能感受到他人的情绪，也就不会主动地帮助他人。

其次，善良的女孩要有甄别能力。社会上鱼龙混杂，有的人居心叵测，但是从表面上并看不出来。所以善良的女孩要有自我保护的能力，要能够甄别他人是真的需要帮助还是别有用心。

再次，善良的女孩要乐于付出。善良的女孩会很积极地帮助他人。当发现他人陷入尴尬之中的时候，能够为他人解围；当发现他人缺衣少食的时候，能够支援他人一些物质和金钱。为了帮助他人，虽然有时候不得不适当节俭，但是一旦想到可以帮助了他人，女孩就会感到非常快乐。

一天下午进行大扫除，小川原本负责擦玻璃，但是在擦玻璃的时候，她一不小心摔了一跤，把腿磕破了。看到小川走路一瘸一拐的样子，好朋友珍珍对小川说："小川，你不要擦玻璃了，我很快就会把我的工作做完，我来帮你擦玻璃。"珍珍说完这句话，赶紧跑去做自己的工作了。她跑来跑去，忙前忙后，加快了速度，不一会儿就把自己的任务完成了。她从书包里拿出干净的抹布，卖力地帮助小川擦玻璃。

这件事情让小川对珍珍非常感激，她不止一次地对珍珍说："珍珍，你可真好呀，你一个人干了两个人的活，可太辛苦你了！"珍珍却不以为然地说："没关系呀，因为你平时也常常帮助我。有的时候我没有记住作业，你就会告诉我，我忘记带文具了，你还会借给我用。因为你很好，所以我才对你好的。"

在这个事例中，因为小川是一个非常善良的女孩，所以她把善的种子也种在了珍珍的心里。她总是积极主动地帮助珍珍，所以在她需要帮助的时候，珍珍才会慷慨地对她付出。如果小川在平日里和珍珍相处的时候总是斤斤计较,不愿意帮助珍珍,那么相信这次珍珍也不会这样用心和无私地回报小川。可见善良还是一种力量,在我们对他人付出的时候,这种力量就开始生根发芽,会给我们与他人施加积极的影响。

最后,善良要充满感恩。如果女孩没有感恩之心,不知道自己得到了他人或者这个世界的供养,而是对于一切都感到不满意,那么她们就不会主动回报。只有拥有感恩之心的女孩,才会内心充满了爱,也才会回报他人。

每一个女孩都应该怀有一颗善良的心,在与人相处的过程中,积极主动地对他人付出和奉献。在他人遇到困难的时候,也能够热心地帮助他人。善良的女孩总会有好运气的,这是因为善良女孩已经把善良的种子播撒在人世间,也已经在不知不觉间用善良的行为感动了所有人。

尊重他人,才能赢得他人尊重

一切的人际关系都要以相互尊重为基础。在人际交往的过程中,我们只有先尊重他人,才能赢得他人的尊重,如果我们对他人表现得不够恭敬,那么他人就会以同样的态度对待我们。常言道,人敬我一尺,我敬人一丈,说的就是这个意思。

对于女孩而言,生活的主要环境是家庭、学校和社会,其中家庭是女孩生活时间最长的地方。但是随着不断成长，在以学校生活作为过渡之后，女孩们会逐渐走向社会。在家庭生活中，很多父母都会忽略培养女孩尊重他人的品质，长此以往，一旦女孩走到社会上，就会因为不够尊重他人而受到伤害或者受到社会残酷的教训。所以父母要有长远的眼光，要帮助女孩认识到尊重他人也很重要。

有些女孩常常因为面临着社交难题而感到烦恼，就是因为她们不知道如何与他人相处，也不知道自己怎么做才能与他人之间建立良好的关系。其实与他人之间建立良好关系的第一步非常简单，那就是尊重他人，真诚地对待他人。现实生活中，如果女孩遇到不懂得尊重自己的人，并且受到了不公平的对待，女孩就会非常懊恼。那么，将心比心，女孩在对待他人的时候，当然不能犯这样的错误。如果女孩不尊重他人，也不被他人尊重，那么就会在人际交往中陷入非常尴尬和难堪的境地，使女孩手足无措。为了避免这种情况发生，女孩一定要主动尊重他人。

有些女孩因为家庭条件优渥，从小就习惯了家人的关注，这使她们在走出家庭进入学校之后，依然认为整个世界都应该围绕着她们转。其实，这样的想法是错误的。家人之所以宠爱女孩，是因为他们之间的亲情，但是人与人之间的关系，从本质上而言是平等的。任何人都不应该以任何理由凌驾于他人之上，也不应该以任何原因瞧不起任何人。即便女孩出身显赫，也不要居高临下对他人颐指气使；即便女孩出身贫穷，也不要妄自菲薄，认为自己什么都比不上他人。每个人在人格上是完全平等的，哪怕在生活上有贫富之分，也并不意味着有高低贵贱之分。女孩要摆正自己的心态，与身边那些比自己富有或者比自己贫穷的人友好相处，与比自己职位高或者职位低的人平等共处，这样才能以尊重为前提，与他人建立良好的关系。

细心的女孩会发现，往往越是身份显赫的人反而越谦卑，越是位居高位的人反而越低调。女孩也要向这些人学习，摆正自己的位置，以低调谦恭的心态与他人更好地相处。

在原始森林里，生活着一个非常原始的部落。在这个部落中，保留着很多不文明的生活习惯，如部落里的每一个人都赤身裸体，他们认为穿衣服是完全没有必要的，也不想被现代文明冲击他们自由随性的生活。也正因为如此，这个部落一直偏僻落后，外界的人也不想与这样不文明的部落来往。这个不文明的部落又因为排斥外面的世界，所以很少邀请外面的人进入他们的部落中。

在这种自我封闭的状态下，这个部落存在了很长时间。有一次，部落里突然爆发了瘟疫，很多人都因染病而死去。部落首领在和长老们商议之后，决定去外面请医生来帮助他们治疗。于是他们就派人去邀请医生。但是医生却感到左右为难，因为这位医生知道这个部落里的人是不穿衣服的，他不知道应该如何同时面对这么多赤身裸体的人。然而医生也知道，这次疫情如果不能得到及时控制，很有可能会让这个部落彻底灭亡，所以他必须采取及时有效的手段才能帮助部落渡过难关。思来想去，医生最后决定接受部落的邀请，去部落里为人们看病。

族长得知医生要到来的消息之后，连夜召集部落里的人开紧急会议，原来族长提议让大家穿上衣服。他们知道医生不习惯看着他们赤身裸体，所以想以这样的方式表示对医生的尊重。医生忐忑不安地来到部落里，惊讶得目瞪口呆。在医生到来的时候，部落里所有人都穿上了衣服，但是医生却赤身裸体背着沉重的药箱。原来，医生为了让部落里的人不把他当成另类，也为了表达对部落人的尊重，居然把自己脱得一丝不挂。

我们看到这里的时候，一定能够想象那样怪异的场面，甚至忍不住哈哈大笑起来，但是这个故事却告诉我们尊重有多么的重要，这样的尴尬场面不会掩饰医生与部落里的人相互尊重这个事实，相信在尴尬之后，他们一定会彼此信赖，能够相互配合着彻底战胜瘟疫。虽然这样的改变看起来是很难的，但是他们愿意为了彼此去做出改变，所以他们之间的关系已经有了一个很好的基础，也必将获得质的飞跃和发展。

在人际相处的过程中，尊重会形成一种具有强大力量的人际场。很多时候，我们为了表达对他人的尊重，需要与他人交流，对他人表示问候，或者是祝福他人。甚至我们什么也不要说，只是要用一个真诚的微笑面对他人，就能够以尊重与他人之间架设起桥梁，也能够以尊重连接起与他人之间的情感。在彼此尊重的过程中，人与人之间会感受到温暖与关爱，也会彼此信任。

第08章

情商高的女孩好心态，保持乐观而不执着于成败

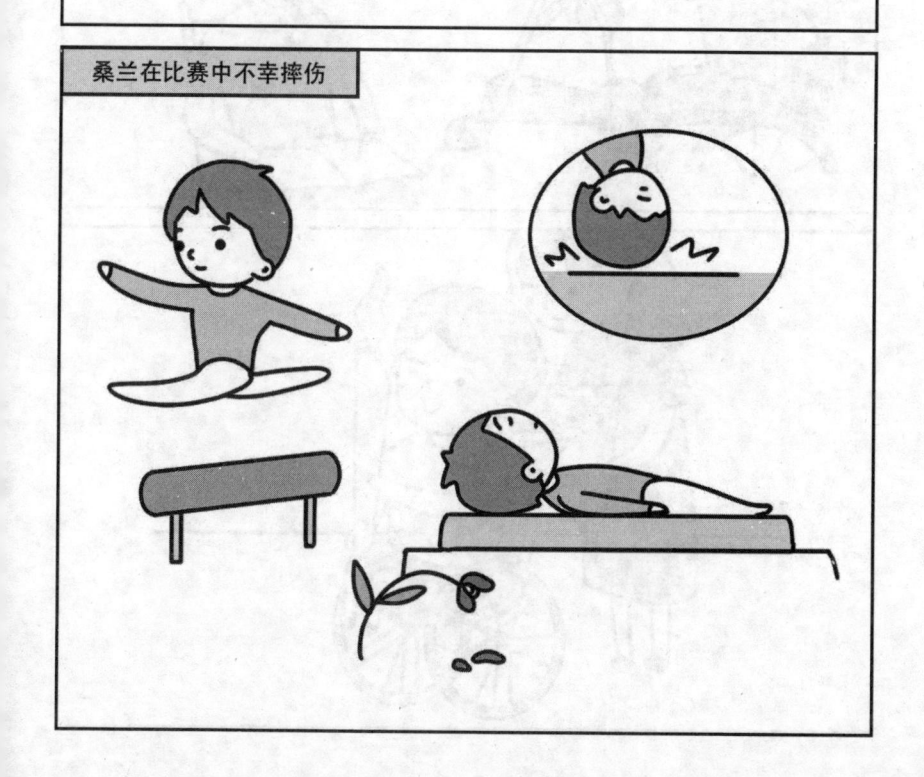

桑兰在比赛中不幸摔伤

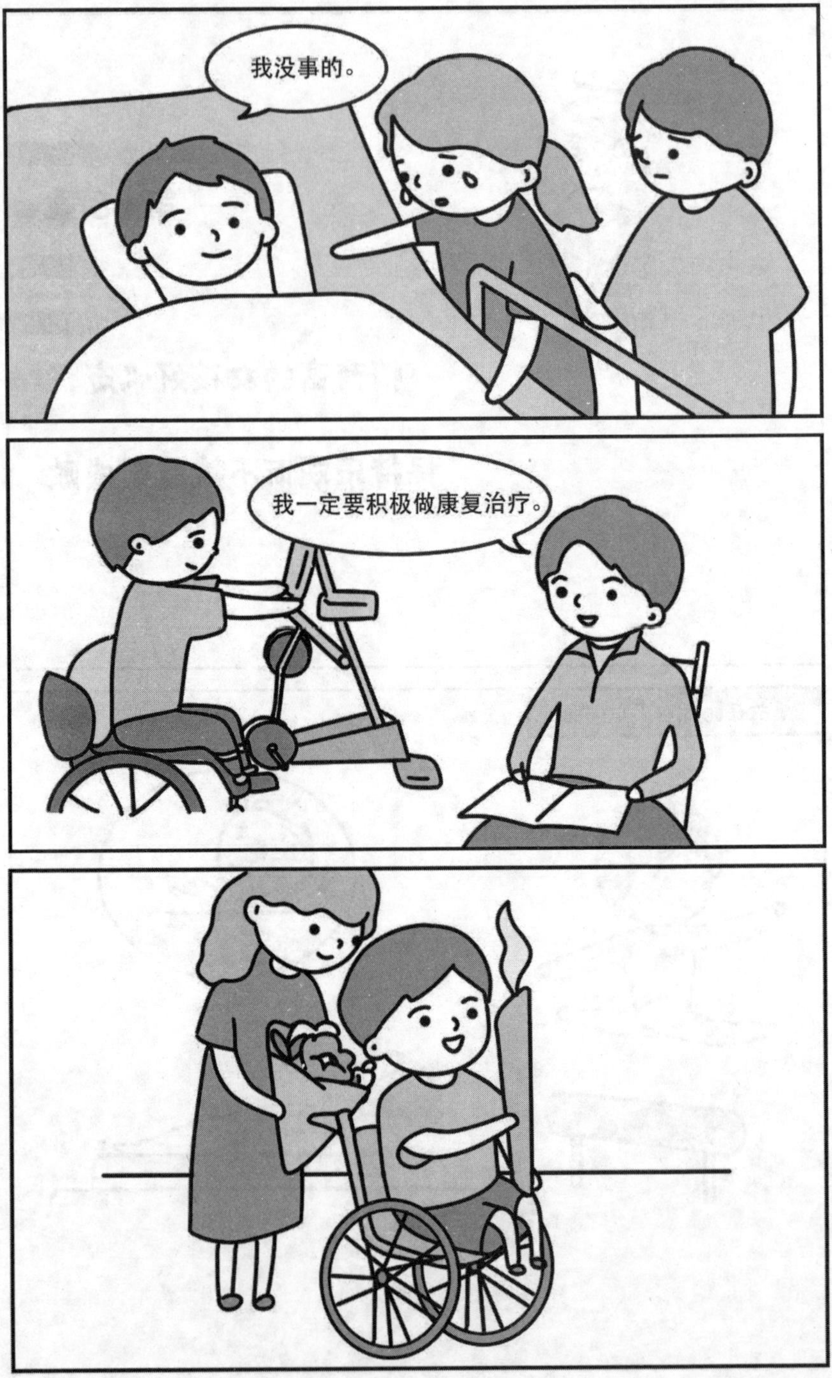
我没事的。
我一定要积极做康复治疗。

微笑面对生活

在顺遂的生活中,每个人都能够做到面带微笑,积极面对。在艰难坎坷的生活境遇中,那些真正能够做到保持微笑的人才是内心强大的人。微笑对于人生有着不同寻常的意义,不但能够明媚整个世界,也能装点我们的心情。微笑是花朵,在生活的绿叶的衬托之下显得更加娇嫩动人;微笑是彩虹,在风雨过后,就会展现出七彩的颜色;微笑是种子,能够帮助我们把微笑播种在人生的土壤中,微笑会以顽强的生命力生根发芽,绽放异样的美丽。只有那些对生活怀有积极乐观态度的人,才能始终以微笑装点自己的面庞。微笑还是一种非常神奇的力量,微笑不但会让我们充满希望,也能给我们身边的人带来明媚的阳光。

每个女孩都应该微笑着面对生活。虽然生活不如意十之八九,但是面对生活的困厄,女孩更应该微笑以对。微笑可以给自己勇气和力量,让自己保持信心,微笑也可以让自己渡过难关。所以任何时候,女孩都不要让自己愁眉苦脸,否则就会让阴云把自己笼罩。

作为中国女子体操队的优秀选手,桑兰在跳马这个运动项目上曾经为国家赢得了很多次荣誉。然而,就在桑兰的职业生涯即将到达巅峰的时候，却发生了一件意外的事情。1998年7月，美国纽约举行了第四届世界友好运动会。在参加友好运动会之前，桑兰在进行跳马比赛训练的时候，因为一些原因，出现了失误，她从高空中头部着地摔了下来。这次摔伤使得桑兰受到了严重的伤害，她胸部以下的身体全都麻木了，没有任何知觉。当时，桑兰才十几岁，正值人生的花季，却因为这场意外不得不在轮椅上度过漫长的人生。

意外发生之后，桑兰昏迷了一段时间，等到清醒过来之后，她就以微笑面对所有人。她一动不动地躺在床上，大家看到桑兰这个样子都心急如焚，忍不住哭泣流泪。但是桑兰却面带微笑地询问队友们比赛的情况，她始终都惦记着国家能否获得荣誉。

在美国治疗了一段时间之后，桑兰回到国内进行康复治疗。她的精神不但感动了美国的医生，也感动了全中国所有的人。随着治疗的推进，桑兰终于可以做到自己照顾自己了，如穿衣吃饭等，她都能够勉强独立完成。但是，她为此付出了非常沉重的代价。对于普通人而言，这是每天都会进行若干次的事情，但是对于桑兰而言，每一次完成这些简单的动作都是巨大的考验。经过一年多的治疗之后，桑兰终于离开了医院，她坐在轮椅上微笑着面对全世界，她的这种顽强精神也鼓舞了无数人。

对于一个17岁的少女而言，正值人生花季，而且在运动项目上也取得了很好的成绩，原本人生应该花团锦簇，却因为一次意外一切都戛然而止。经过了一年多痛苦的治疗，桑兰深知自己将来无法再次站起来。时至今日，桑兰已经结婚生子，过着很多人都羡慕的幸福生活，但是她身体上的伤痛从来都没有停止过。受伤给她的身体带来了诸多不便，各种并发症一直在折磨着她，使她的身体非常孱弱。然而，这些都没有阻止桑兰享受生活。每当出现在媒体中的时候，桑兰总是面带微笑，她的微笑仿佛有神奇的魔力，能够对抗命运，也能够让她在身残之余充满着力量和勇气。

西方国家的一句谚语说，只有在乐观的微笑里，才能遍布阳光，开满鲜花；在悲观的叹息中，我们只能找到凄凉与痛苦。只有那些坚持微笑的人，才能够拥有坚实的肩膀，也才能够扛起生活的重担。不管在人生的哪一种境遇中，微笑都是必不可少的。在顺境中，微笑能够帮助我们获得成功；在逆境中，微笑能够帮助我们治愈创伤。既然哭着是一天，笑着也是一天，我们当然要微笑着度过人生中的每一天，这样我们才能驱散心中的阴霾，也才能够让自己的内心阳光普照。

人们常说，爱笑的女孩运气都很好，其实这不是因为命运偏袒爱笑的女孩，而是因为爱笑的女孩在面对任何境遇的时候都能保持积极乐观，都有一双善于发现美的眼睛，能够发现生活的美好。爱笑的女孩还不喜欢抱怨，即使生活用挫折给了她们沉重的打击，她们也将其视为因为命运信任自己而给予自己的考验。在灾难之中，她们从来不会表现出垂头丧气的模样，而是会表现得非常勇敢，主动迎接挑战。爱笑的女孩内心充满了希望，面对同样的失败，有人也许会彻底放弃，不再努力，但是爱笑的女孩却甘愿一次又一次地尝试，这是因为她们知道微笑总能创造奇迹，生活从来不会把人逼入绝境。

满怀乐观，远离悲观

当一个人置身于灾难的磨砺中时，是没有权利选择放弃的；当一个人处在燃烧的火焰中时，是没有权利怕黑的；当一个人置身于生死瞬息万变的战场上时，是没有权利怕死的；当一个人深处困境时，是不能放弃的。作为女孩，要始终牢记这个道理。在生活中，我们不可能始终处于顺境，偶尔也会置身于逆境。越是身处逆境，我们越是要保持积极乐观的心态，只有这样，才能战胜逆境。否则，如果被逆境吓到，还没有被困难打败呢，就先缴械投降，那么我们就会彻底失败。

曾经有一位女士和她的丈夫一起来到沙漠中生活。她的丈夫在沙漠里的部队中服役，大多数时间里，都要跟随部队四处训练。有一次，丈夫跟着部队去了沙漠深处训练，这位女士只能独自住在沙漠军营里的铁皮房里。沙漠中的天气非常炎热，白天温度很高，但是昼夜温差很大，到了夜晚，彻骨的寒冷袭来，这位女士简直要绝望了。很快，她就写信给自己的父亲，说想要离开沙漠。很快，父亲的回信就来了。父亲在信里对女儿说道："有的人透过窗户看到星星，有的人透过窗户看到泥土。"女士看到父亲的话之后恍然大悟，她突然意识到也许不是生活陷入了绝境，而只是自己太过绝望。

从此之后，女士彻底改变了心态。每当丈夫不在家的时候，她就会和当地的沙漠居民进行交流，并极力融入他们的生活之中。最终，这位女士不但陪伴了丈夫在沙漠里直到服役结束，而且了解了沙漠里的很多植物，并写下了一本关于沙漠生活的畅销书呢！

心若改变，世界也随之改变，心的改变主要表现在心态的改变。很多人特别悲观，不管看待什么事情都会看到不好的一面，甚至会预期到自己难以承受的结果，由此而被吓得赶紧放弃。有些人却很乐观，他们坚信自己只要想到那些好的结果，也努力去实现好的结果，往往能够如愿以偿。正是因为如此，他们才从不妥协，而只会拼尽全力去争取。

戴尔只有一只眼睛，这只眼睛的眼皮上还有疤痕，所以他只能透过眼睛左边的一个小孔看周围的世界，这使得他的眼界非常狭窄。看书的时候，他必须把眼睛紧贴到书上。这样痛苦的生活并没有击倒戴尔，反而使得他一直在坚持阅读，坚持写作。虽然他知道自己和普通人不一样，但是他尽量让自己做到和普通人一样。

戴尔最终做到了这一点。尽管看书很困难，但是他一直坚持学习，最终取得了硕士学位，这让他成功地走上了创作的道路。刚开始的时候，他担任老师的工作，后来他还担任了电台节目主持人，最终，他成为了一名出色的作家。戴尔拥有如此丰富的人生经历，人们对他充满了好奇。其实，戴尔并不像人们所想的那样坚强，曾经他也担心自己的健康，害怕自己会彻底失明，他可不想陷入黑暗之中呀。在这样的恐惧中，他最终决定乐观面对，所以他战胜了内心的恐惧，乐观地面对自己的命运常态。命运也许被戴尔感动了，在戴尔50岁那年，一家诊所为戴尔进行了视力矫正手术，使他的视力提高了40倍之多。从此之后，戴尔的眼睛里出现了一个全新的世界。

很多人都能够在逆境中挣扎着站起来，以乐观的态度创造生命的奇迹。戴尔的眼睛虽然残疾了，读书学习都很困难，但是戴尔始终坚持，最终成为了一位伟大的作家。在美国，海伦也是一个创造奇迹的人。海伦在19个月的时候因为患上了猩红热病导致失明失聪，从此之后，她目不能视，耳不能听，口不能言，但是她一直没有放弃学习。在莎莉文老师的帮助下，她不但大学毕业，还创作了《假如给我三天光明》，这部著作激励和鼓舞了世界上的无数人。由此可见，乐观的心态才能帮助我们战胜磨难，如果消极悲观，我们很容易就会被磨难打倒。

那么，女孩如何培养自己乐观的品质呢？具体来说，女孩要做到以下四点。

（1）不管做什么事情，都不要被想象中的困难吓倒。很多事情并不像我们想象中的那么糟糕，当我们全力以赴去做的时候，也许会出现奇迹呢。

（2）女孩要有丰富的兴趣爱好。很多女孩的生活非常枯燥乏味，她们甚至没有办法保持生活的乐趣。如果她们能够找到更多自己喜欢做的事情，也积极地去做，那么她们就会体会到更多的兴趣，这对女孩而言将会产生很强的激励作用。

（3）遇到事情的时候，不要总想糟糕的一面。我们固然要做到未雨绸缪，却不要杞人忧天。我们应该多想想事情积极的一面，想一想事情有可能出现的好结果。既然我们曾经那么幸运，那么我们有理由相信我们会依然幸运下去，说不定事情就会朝着我们预期的方向发展呢！

（4）幽默地对待自己，幽默地对待他人。那些富有幽默精神的人往往是内心轻松愉快的人，也非常乐观坚强，即使面对命运的不公，幽默也具有强大的力量，能够帮助女孩创造生命的奇迹。

看淡名利得失

非淡泊无以明志，非宁静无以致远，这是诸葛亮曾经说过的一句名言。这句话告诉我们，一个人应该看淡名利得失，才能获得内心的平静。很多人还对另一句话非常熟悉，那就是"宠辱不惊，闲看庭前花开花落，去留无意，漫随天上云卷云舒"。这是明初时期洪应明曾说过的一句话。这句话为我们营造了非常平静淡然的生活境界。当然，这样的境界未必是人人都能达到的，但是我们却要努力地拥有大格局，看淡名利得失，保持一颗纯净的心灵，争取达到更高的人生境界。

有些女孩把身外之物看得特别重要，她们不但奢望得到更多的东西，而且希望自己能够在与他人的比较中获胜。实际上，这是嫉妒心理在作怪。每个人对于自己的生命而言都是唯一的主人，我们拥有怎样的生命对别人并没有太大的影响。同样的道理，别人拥有怎样的生命，对于我们也不那么重要。我们应该更多地关注自己，把关注的焦点集中在自己的身上，这样才能真正明白自己想要的是什么，也才能够更好地引导自己。

如果总是被身外之物捆绑和束缚，那么女孩在面对很多事情的时候，就不能做到真正的淡然和从容。只有从发自内心地看轻这些事情，重视自己想要达到的目标，女孩才能够成为自己的主人。

作为闻名于世的伟大化学家——居里夫人连续两次获得诺贝尔奖。在化学领域，她达到了很多人难以企及的高度，也成为很多同行尊敬和效仿的榜样。然而，居里夫人对于自己得到了奖章并不看重，她只看重自己在化学领域所做出的贡献。有的时候，她把奖章拿回家里就随随便便地放起来，而并不像他人那样小心翼翼地收藏起来。

有一位朋友在应邀去居里夫人家拜访的时候,发现居里夫人的孩子正拿着奖章玩呢,仿佛那些只是能够引起他们兴趣的玩具而已。朋友非常惊讶,他深知居里夫人为了获得这些奖章付出了多少努力。不想,居里夫人却说:"我只是想达到我真正的高度,并不在乎能否得到奖章。"居里夫人的话,让朋友非常钦佩。

有一次,法国一所大学负责人想颁发一枚奖章给居里夫人,以表彰居里夫人对全世界做出的卓越贡献,然而居里夫人却当即拒绝了这个请求。她对大学负责人说:"与其给我一枚奖章,还不如为我筹建一个实验室。只有在一个条件更好的实验室里,我才能做出更多对人类有益的事情。"大学负责人得到居里夫人的回信之后,不知道如何应答,也就把这件事情搁置下来了。由此可以看出,居里夫人真的淡泊名利,正因为如此,她才能把所有的时间和精力都投入于实验之中,也才能做出如此伟大的贡献。

居里夫人穷尽一生都在致力于对人类做出贡献,对于很多人都心向往之的名利得失,却完全不放在心上。她尽管获得了很多世人仰慕的荣誉,但却从来没有认为奖章是自己最大的成就。作为女孩,我们要学习居里夫人看淡名利得失的心态,这样才能够更加专注地实现自己的目标。

现实生活中,很多人一生之中都被名利所困,他们为了获得名利,不惜去做自己不愿意做的事情,而放弃了人生的原则和底线。很多人希望通过获得名利的方式证明自己存在的价值和意义，却不知道名利只是身外之物。当他们把大量的时间和精力都用于获得名利的时候，他们只是想要炫耀，想要在与他人的竞争中胜出而已。正是因为盲目地追求名利，他们才忘却了初心，因而不能享受生活中最纯粹的快乐。

女孩要做到淡泊名利，就要做到以下几点。

（1）女孩要正确地看待名利。名利是一种精神奖励的方式，当我们做出成就之后，名利意味着世人对我们的认可。当然，得到名利是一件值得高兴的事情，却不应该让我们变得骄傲。在失去名利之后，这意味着我们并没有得到认可，但是我们不要过于悲伤，而是要继续努力去做。我们应该更重视追求名利的过程，而不是追求得到名利的结果。

（2）女孩要以正确的方式追求名利。如果我们为了得到名利，采取不正当的方式参与竞争，或者是迷失了人生的初心，失去了奋斗的方向，那么，名利对于我们的成长就会起到负面作用。在追求名利的过程中遇到困难和坎坷时，我们理应拼尽全力去战胜困难，而不要因为畏惧就选择放弃。很多人为了追求名利会爆发出生命的潜能，做出伟大的贡献，这恰恰是名利的积极意义。但同时也有很多人为了追求名利偏离了人生的正常轨道，走上了歧途，这也是名利给人带来的邪恶的诱惑。我们只有正确地追求名利，不被名利所累，才能得到名利，也让名利发挥更为积极的作用。

第08章 情商高的女孩好心态，保持乐观而不执着于成败

拥有平常心的女孩最快乐

很多人都把平常心挂在嘴上，也想要真正地拥有平常心，那么，到底什么是平常心呢？直白地说，平常心就是看淡名利的心。正因为看淡了名利，所以我们才不会为这些东西所困扰，在世人都为名利所扰的现实生活中，我们的内心才能保持清净和平静，因而始终牢记初心，最终实现自己的人生目标。

在中国的历史上。很多名人都有一颗平常心。在国家需要的危亡时刻，他们勇敢地挺身而出，浴血杀敌，保卫国家和民众的安全。等到国家终于盛世太平的时候，他们就选择激流勇退，归隐于深山老林。很多劳苦功高的将士不懂得功高震主的忌讳，在辅佐皇帝上位之后，依然留在朝廷里以大功臣或者元老自居，殊不知这样做在不知不觉间为自己惹来了杀身之祸。只有那些真正拥有大智慧的人才会坚持平常心，也才能够果断地舍弃荣华富贵，回归自己的本来生活。

作为女孩，在现实生活中也要保持一颗平常心，这样才能够淡泊宁静，不争不抢，这是一种非常高级的处世哲学。在人生的漫长过程中，每个人都会经历各种各样的事情，也会呈现出各种各样、起起伏伏的状态。战场上，人们常说胜败乃兵家常事，其实在人生之中，经历成功或者是失败也都是人生的常态。有些女孩成功了就欢呼雀跃，得意忘形；失败了就沮丧绝望，垂头丧气，这是没有平常心的表现。拥有平常心的女孩，

即使成功了，也绝不趾高气扬，即使失败了，也绝不灰心绝望。她们知道成功只是一时，失败也只是一时的。如果在成功的时候不能再接再厉，在失败的时候不能汲取经验和教训，那么自己终究不可能进步。很多时候，人生中重要的转折点并不会出现在那些重大时刻，而是出现在那些看似不起眼的时刻。对于女孩而言，获得成功固然值得喜悦，遭遇了失败也不要气馁沮丧。失败是命运给我们一个崭新的契机，可以借着失败的机会反思自己，提升和完善自己，这才是明智之举。当我们有足够的勇气面对失败，也能够以坦然之心在失败中不断成长，我们就可以成长得更好。

生命是非常短暂的，每一天都不会重来。人生中只有唯一的今天，所以面对今天，不管是成功还是失败，不管是输了还是赢了，我们都不要为此而纠结，否则就是浪费生命，也会让自己的内心不堪重负。人生有四季，春有百花秋有月，夏有凉风冬有雪，每一季都有每一季独特的风景，每一季都有每一季的独特的美好。在人生四季的交替更换之中，我们既不要在夏天哀叹春日的逝去，也不要在冬天感慨秋日的告别，而应该尽情享受每一个季节的馈赠，让自己内心轻松愉悦，这样才能活得更畅快。

现代社会中，大多数人都匆匆忙忙，从没有片刻悠闲，这使得他们都没有时间停下来反思自己的内心。在这样的情况下，他们当然会迷失自我。情商高的女孩应该更多地反观自己的内在世界,这样才能在喧嚣浮华的现实生活中站稳脚跟,笃定沉着。

北宋大名鼎鼎的文学家苏轼性格豪放,内心坦荡。在一生中,他的仕途起起伏伏,使他几次遭到贬谪。有一年,苏轼来到江北瓜州做官,与金山寺隔江相望。听说金山寺内的佛印高僧非常厉害,每当闲来无聊的时候,苏轼就会去拜访佛印高僧,与他一起谈禅论道。渐渐地,他与佛印高僧彼此了解,志同道合,就成为了知己好友。

有一天,苏轼拿出自己写的一首诗,去给佛印看。佛印看了诗之后,笑着在诗上面写上了他的评价——"放屁",苏轼看到这两个字之后怒火中烧,马上就要与佛印断交。但是苏轼毕竟是一个文人,他压抑住自己的怒气对佛印说:"高僧啊高僧,你作为高僧可不能说这些粗俗之语呀!"佛印当然知道苏轼指的是他所写的评语,因而他指着苏轼的一句诗说:"在诗中写道'八方吹不动',此刻,区区一个屁就让你手忙脚乱了,恨不得当即打过江来。"佛印的这句话说得苏轼哑口无言,苏轼才知道佛印是在修炼他的内心呢。

还有一次,苏轼和佛印在一起修禅,他们都在打坐。这个时候,苏轼突然玩性大发,说佛印坐在那里很像牛粪。听了苏轼这样的话,佛印却不为所动,坦然地一笑置之。后来,苏轼回到家里,把这个事讲给苏小妹听,苏小妹听到苏轼说的话之后,忍不住批评苏轼说:"哥哥啊哥哥,你可真是聪明一世糊涂一时啊。你说佛印像牛粪，岂不是说你自己的心中、眼里只有牛粪吗？"苏小妹的话让苏轼恍然大悟：难怪佛印不因为他说的话而生气呢，原来见山是山，见水是水，是因为他见到了牛粪，所以他才会说佛印像牛粪啊！

显而易见，虽然苏轼和佛印是好朋友，但是苏轼的平常心修为远远没有佛印高。苏轼会因为佛印写下的"放屁"二字而勃然大怒，佛印却没有因为苏轼说他是牛粪而兴起任何波澜。

平常心的女孩能够固定自己的内心，她们深刻地知道自己想要什么，不想要什么，也深刻地知道自己在人生中想要达到怎样的结果。正因为如此，她们才不会因为外界的事情而让自己的心情起伏。

放弃也是一种智慧

一直以来，人们都把"坚持就是胜利"作为口号挂在嘴边，也有人说，只有笑到最后的人才是笑得最好的人。这些话都在教我们要坚持不懈，只要自己选定了一条道路，无论这条道路多么遍布荆棘，充满坎坷泥泞，我们也要坚定不移地走下去。似乎只要我们不放弃，只要我们靠着脚去丈量，再远的路，我们也一定能够到达目标。但是，有的时候，理想是丰满的，现实却是骨感的。在这条布满荆棘与坎坷的道路上，尽管一路磕磕绊绊地前行，但是最终却距离成功越来越远。这又是为什么呢？

失败了，摔倒了，应该站起来继续前行，应该汲取经验和教训再次尝试，但是人生的时间毕竟是有限的。尽管我们不知道人生到底有多长，但是人生一定会有一个期限，所以我们没有必要把有限的生命浪费在无限的失败中。如果成功注定不可能实现，那么我们又何必在追求成功的道路上浪费所有的生命呢？

当然，这并不是意味着我们要随波逐流。西方国家有句谚语，叫作条条大路通罗马，意思是说古罗马城修建得非常发达，随便找一条路，只要朝着古罗马城方向走去，就一定能够到达古罗马城的中心。这句话告诉我们，成功的方式有很多种，当我们在一条道路上走不通的时候，不要一条道走到黑，而是要积极地改变。尽管我们需要不断地尝试，坚持不懈去努力，但如果事实告诉我们，这条路真的不能抵达成功的彼岸，那么我们就要果断地放弃这条路，再为自己开辟新的道路。这种放弃不是盲目地悲观绝望，也不是不负责任，而恰恰是对自己负责，也是拥有大智慧的表现。

这就像人们栽花种树，很多经验丰富的人在栽花种树的时候会给花或者树木修剪掉多余的枝叶，那些不懂得花艺的人看到这样的情形就会非常心疼，因而询问道："你为什么要把花枝都剪掉呢？"园艺师会告诉他们："如果不把这些杂乱的花枝剪掉，那么这棵树开出来的每一朵花都会非常瘦小。只有剪掉这些杂乱的花枝，让所有的营养都集中到有限的花枝上，开出来的花才会大而绚丽。"

人生恰恰也像一棵枝干庞杂的树，如果伸出太多的枝干，就会把营养分散到太多的枝头，那么就无法结出丰硕的果实。作为情商高的女孩，一定要学会放弃，这是人生的智慧。当我们放弃了那些旁逸斜出的枝干，主干上就会结出丰硕的果实。

情商高的女孩还要始终牢记一个道理，那就是人生的时间和精力是有限的，不要因为贪心不足而为自己设定太多的目标，否则最终不但会导致一事无成，还会让自己陷入紧张焦虑的状态之中。虽然我们要执着于自己的目标，但是无谓地执着却是毫无意义的，毕竟我们不可能把控所有的事情。在关键时刻，我们必须舍弃那些应该舍弃的，这样才能集中精力去做好自己应该做好的。

不懂得舍弃的女孩往往面临"赔了夫人又折兵"的窘境，只有懂得舍弃的女孩，才能够让自己获得更多想要的东西。古人云，两弊相权取其轻，两利相权取其重。在进行舍弃的时候，女孩同样以此为原则进行衡量，这样才能减轻自己的重负，也才能够轻装上阵，以更好的方式获得人生中更多的收获。

在现实生活中，父母可以引导女孩舍弃不必要的，培养女孩选择的能力。例如，在去超市里购物的时候，如果女孩同时看中了两个玩具，那么父母理应让女孩在综合权衡利弊之后，选择买下其中的一个玩具。在学习的时候,如果女孩对两门兴趣班都特别感兴趣,那么父母要在对女孩进行引导之后,让女孩选择其中最适合自己的兴趣班。这样一来,女孩才能集中精力去学好自己想学的东西。在外出旅游的时候,往往有不同的旅游路线,走不同的路线能看到不同的风景,但是时间和精力决定了我们不可能把每条路线都走一遍,所以我们要选择自己最想走的那条路。与其说人生是由一个个错误组成的,不如说人生是由一个个选择组成的,因为错误也是选择的结果。女孩必须学会舍弃,必须学会做出选择,也要坚持自己的选择,才能得到自己想要的结果。由此可见,放弃是一种智慧,而不是软弱无能的表现。

虽然坚持是获得成功的必经之路,但是有的时候放弃比起坚持来是更有利于促使我们获得成功的。例如,有些孩子明明喜欢绘画,却偏偏选择了唱歌,坚持自己不喜欢的做的事情不但浪费了时间和精力,还压抑了自己的天性,这当然不是明智的选择。最好的做法是当机立断地停止学习唱歌,而侧重于培养自己绘画的能力,这样才能事半功倍。

对于有些事情,我们还会呈现出毫无把握、盲目自信的状态。虽然谋事在人,成事在天,但是如果我们可以更好地掌控一些事情,让事情朝着我们预期的方向发展,何乐而不为呢?每个人的生活都是在不断地进行选择,都是在选择坚持和放弃的过程中度过的。唯有做出明智理性的选择,我们才能越来越接近自己想要的目标。这就像我们每天在网络上浏览无数的新闻,看到无数的视频,我们并不能把浩如烟海的所有新闻和视频都收纳到自己的头脑中,只能通过搜索引擎来关注自己最想关注的信息,并将其为自己所用。学会舍弃能够帮助我们减轻生活的重负,理智地舍弃让我们的内心更加轻松愉悦,理智地舍弃还会让我们更容易获得成功。

第09章

情商高的女孩有胆识，决不让恐惧阻碍自己前行

明天的辩论赛我可不能拖后腿啊！

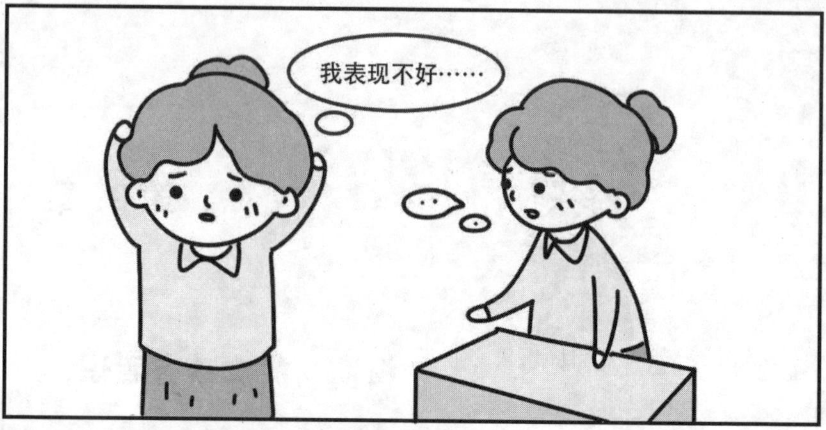
我表现不好……

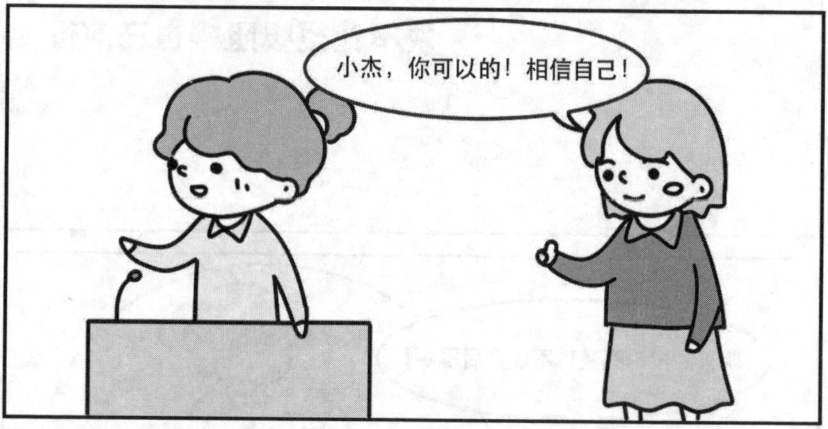
小杰，你可以的！相信自己！

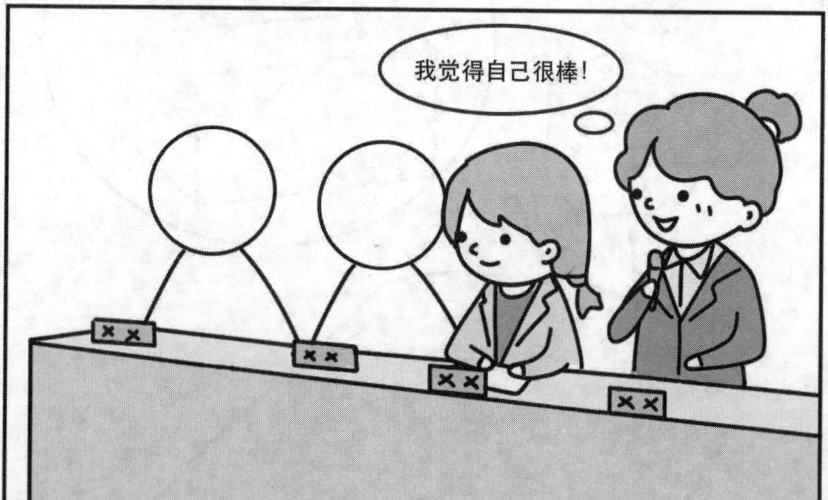
我觉得自己很棒！

激发潜能，敢想敢做

在这个世界上，很多人穷尽一生却依然碌碌无为，一事无成，很多人虽然先天条件并不出色，却凭着勇气一直向前，最终战胜了所有的艰难和坎坷，获得了成功。为何他们会有如此大的差异呢？心理学家经过研究发现，大多数人的先天条件都是相差无几的，之所以有的人能够获得成功，有的人却总是与失败纠缠，就是因为他们在面对成功的时候采取了不同的态度。成功者面对成功有着势在必得的决心，他们敢于挑战自我，敢于突破自己的极限，超越所有的难关，但是失败者却被想象中的困难吓倒，甚至在没有开始尝试之前就选择了放弃，这使得他们彻底地一败涂地。由此可见。勇往直前的决心才是人们获得成功的动力源泉，只要拥有决心，不畏惧困难，坚持兵来将挡，水来土掩，女孩就会距离成功越来越近。

心理学家经过研究发现，每个人都有潜能。有的人把自己的潜能激发出来，加以充分利用；有的人却彻底埋葬了自己的潜能，使得潜能如同沉睡的宝藏无法实现它的价值。即使是像牛顿那么伟大的科学家，也只调用了10%~20%的潜能呢，这意味着人的潜能是无穷的。如果女孩能够开发自己的潜能，真正地实现敢想敢做，那么就能在生命的历程中创造更多的奇迹。

法国哲学家拉美特利曾经说过，他非常喜欢大海，因为大海布满暗礁。他将会穿越重重危难，穿越大海，做自己最喜欢做的事情。如果女孩面对人生的磨难也能采取这样的态度，那么女孩就能够征服人生的海洋。

作为法兰西第一帝国的皇帝，拿破仑是一位举世罕见的军事天才。在他执政法国期间，创造了很多军事奇迹。在他的带领下法兰西多次对外扩张，变成了庞大的帝国体系。在创造诸多军事奇迹的过程之中，拿破仑的敢想敢干起到了很大的作用。当年，拿破仑率领大军想要通过圣伯纳德关隘，那里有一条非常狭窄的小路，很多人都认为大军是不可能穿越这条小路的。但是，拿破仑不顾大家的劝阻，率领全体将士迎难而上。他们在经过这条关隘之后，还准备翻越阿尔卑斯山。得知拿破仑有如此疯狂的想法，奥地利人和英国人都对此不以为然，他们认为从来没有任何车轮能够翻越阿尔卑斯山，更何况拿破仑的部队有六万名将士，是一支非常浩大的队伍，还带着很多沉重的战斗武器以及大量的军需品呢！他们认为这简直是不可能完成的壮举。直到拿破仑真正地完成了这个壮举，人们才意识到阿尔卑斯山脉是可以被车轮碾压的。

为什么其他人都做不到的事情，拿破仑却能做到呢？这是因为其他人在做这件事情之前就否决了这个想法，他们甚至连想都不敢想，但是拿破仑可不管那么多，只要是他认准的事情，他就会坚持去做。他从来不会被想象中的困难吓倒，在真正去做的过程中,他激发了自己的潜能,带领全体将士翻山越岭创造了奇迹。

在远征的过程中,拿破仑创造了很多奇迹。例如,他第一次远征意大利,在一天的时间内就打赢了六场战争。在别人看来,这简直是不可能实现的,但是拿破仑却把它变成了现实。曾经有一位奥地利的指挥官认为,拿破仑丝毫不懂得兵法,所以才会误打误撞,实际上拿破仑可不是误打误撞,而是因为他充满了热情和激情,是因为他不知道失败为何物,他只知道自己要想方设法地获得成功。

要想培养女孩敢想敢干的魄力,要想激发女孩的潜能,就要做到以下几点。

首先,女孩一定要对生活满怀热爱。在遇到困难的时候,不要畏缩胆怯,试图逃避,而是要根据自身的情况想方设法地战胜困难。即使没有条件,也要创造条件,只为成功找方法,不为失败找借口,这是每个女孩都应该牢记的。

其次,要提前做好准备。凡事预则立,不预则废,情商高的女孩在做每件事情之前都会进行充分的考量。她们会因为深思熟虑而让自己准备周全,却不会因为杞人忧天而让自己裹足不前。当做好准备之后,哪怕在真正执行任务的过程中遇到一些障碍,她们也不会手忙脚乱,而是能够沉静应对。

再次,女孩要充满信心。不管做什么事情,如果没有信心,就很难获得成功。只有在充满信心的前提下,才能打定主意，排除万难。如果女孩在没有做事情之前就对自己产生了怀疑，动摇了信心，那么她们就会陷入紧张焦虑等负面情绪，使事情变得非常糟糕。

最后，女孩要勇敢地面对失败。很多人都只能成功不能失败，一旦面对失败，她们就会裹足不前，甚至自暴自弃，这样自我放弃的做法只会让自己彻底地被失败缠绕住，无法脱身。越是面对失败，女孩越是应该全力以赴，这样才能让自己勇往直前，开疆拓土。

情商高的女孩要有胆识有魄力

现实生活中，很多女孩对自己都缺乏中肯的评价，她们或是对自己评价过高而狂妄自大，或是自己评价过低而妄自菲薄。女孩必须客观公正地评价自己，才能真正意识到自己能够成为什么样的人，也应该成为什么样的人。这使得女孩有胆识，有魄力，在有了想法之后就当机立断地展开行动，在有了新奇的创意之后，就马上进行创新。如此强大的推动力会给女孩的生命创造一系列的奇迹，让女孩在不断尝试的过程中爆发出生命力，让女孩在成长的过程中创造更多的奇迹。

大名鼎鼎的哲学家谢林曾经说过，一个人只有意识到自己是怎样的人，才会知道自己应该成为怎样的人。对于女孩而言,他们同样需要对自己有这样的认知。当女孩坚定不移地相信自己,产生相信的力量时,她们就会在相信力量的驱使下变得更加勇敢,更有胆识,更有魄力。

得知自己即将加入最著名的辩论团队,杰克紧张了一整晚,辗转反侧,彻夜难眠,他不停地想着:"我能力这么差,进入这么好的辩论团队,一定会拖后腿啊!万一到时候我在辩论过程中出现失误,或者因为紧张而结结巴巴,又怎么能对得起大家的信任呢?"这么想来想去,他睡意全无,又不停地胡思乱想:"即使我能够进入这样的团队,我也只是一个垫底的人而已,我到底是当鸡头还是当凤尾呢?我是否应该放弃这个机会,去一个不那么优秀的团队中成为一个领导者呢?当一个领导者也没什么不好吧,但是如果我在一个普通的团队中成为领导者,我个人能力的发展就会受到限制,谁说不可能呢?我说不定会在这个优秀的团队中也成为领导者吧,尽管这样做的难度的确很大。"

杰克被一种前所未有的恐惧控制住了,缺乏自信使得他对于自己曾经获得的辉煌成就都采取了否定的态度。虽然他一直以来最大的梦想就是能进入这个辩论团队,但是他现在却产生了一种梦游一般的感觉,他觉得自己即使真的能够进入这个团队,也未必会有很好的表现。

在辩论团队第一次进行辩论模拟赛的时候,杰克结结巴巴,声音小得可怜,就像蚊子在哼哼,连他自己都听不清楚。

团队的负责人并没有因此批评和否定杰克，反而在又一次团队训练之中让杰克当主辩手。就这样，杰克被逼无奈，不得不硬着头皮上。当辩论赛场上的气氛越来越热烈的时候，他彻底忘记了自己的恐惧，他只记得自己要以语言为刀剑与对方展开博弈和厮杀。最终，杰克在这次比赛中表现得非常好，也赢得了大家的认可和赏识。他又找回了自信，果然如他所想的那样，他不但能够在一个普通的辩论团队中成为领导者，还能通过努力在如此优秀的辩论团队中也真正地成为了领导者。从此之后，杰克所向披靡，不管面对怎样的辩论对手，他都无所畏惧，他辩论时激情澎湃，说出的话有着无比强大的力量。

一个人要想做出切实的行动，就要先以思想作为指引。如果连想都不敢想，又怎么能够做出相应的举动呢？所以女孩要能够接受自己的奇思妙想，不要认为这些想法是不可能实现的。当女孩相信自己的想法并且坚持去做的时候，这些想法就会产生石破天惊的强大效果。遗憾的是，大多数女孩都不敢想不敢做，她们为了获得成功，为了获得梦寐以求的成就，只能做一做白日梦而已。

为了让女孩有胆识，有魄力，女孩必须坚持做到以下几点。

首先，要敢想，如果连想都不敢想，那么就不会推动自己切实地展开行动，所以有想法是让自己一鸣惊人的第一步。

其次，要循序渐进地实施自己的想法。很多女孩在有了想法之后就产生了急功近利的思想，她们迫不及待地想要自己的想法变成现实。可惜，成功从来不是一蹴而就的，女孩必须坚持循序渐进，才能推进自己的想法，让自己的想法从虚无到真切，从幻想到真正得以实现。

再次，女孩要积极地采纳他人的意见。俗话说，三个臭皮匠赛过诸葛亮，这是因为诸葛亮即使再聪明，也不可能面面俱到。正如古人所说的，愚者千虑必有一得，智者千虑必有一失。当我们把自己融入团队之中，融合大家的力量时，我们的力量就会变得更强。

最后，要团结自己可以团结的人，让自己获得他人的支持，也融入集体的力量。一个人不可能仅凭一己之力就把每件事情做好。对于女孩来说，如果能够获得他人的支持，那么在实现自己想法的过程中就会得到助力，进而让自己的想法实施起来更加容易。

也许有的女孩会说，不管怎么样，我们万事俱备，只欠东风。其实东风并不是我们等来的，在现代社会中，有的时候好运气的到来需要我们去努力争取。我们必须做好充分准备，随时抓住千载难逢的好机会，才能够把握住好运的东风。从现在开始，女孩们就时刻准备着吧，说不定你们将会成为下一个万众瞩目的成功者呢！

超越恐惧，勇敢前行

有一位心理学家曾经说过，恐惧本身才是最值得让人恐惧的。那么，什么是恐惧呢？恐惧是一种上古情绪，这意味着人类有史以来就会感觉到恐惧。在远古时代，人们需要靠着狩猎生活，面对那些凶猛的野兽，人们会感到恐惧；面对那些生活中艰难困苦的绝境，如吃不饱饭，没有衣服穿，或者发生了一些自然灾害，人们也会感到恐惧。正因为人类的祖先一直在恐惧中生活，所以恐惧才会与我们如影随形。

对于现代社会中的女孩而言，虽然她们不再面临原始社会中的诸多生存的恐惧，但是她们依然有很多恐惧的事物。例如，女孩觉得自己不够优秀，不能得到他人的认可，女孩身边没有朋友陪伴，家庭生活非常冷漠，家人与家人之间关系疏远。这些事情都会让女孩感到恐惧。有些女孩想考上名牌大学，尽管已经非常努力，但是却无法有效地提升成绩，这也是她们恐惧的源头。有些女孩在面对失败的时候担心自己遭到他人的嘲笑，或者在独自相处的时候意识到一种未知的危险，这都会让她们恐惧而焦虑。对女孩的成长而言，这种负面心理的影响是非常强大的。其实，在感到恐惧的时候，女孩所要做的不应该是逃避和畏缩，而应该是勇敢地面对和积极地尝试。只要女孩真正开展了一些有效的行动，她们就会发现很多事情并不像自己想象中那么困难。在勇敢尝试的过程中，女孩还会在独立解决问题的过程中,渐渐地形成自信。

从这个意义上来说,当意识到自己感到恐惧的时候,女孩不要任由恐惧淹没自己,而是要努力地超越恐惧,勇敢前行。在心理学领域,有一个脱敏疗法,就是通过勇敢面对的方式,帮助患者战胜心中的恐惧。例如,有的患者怕水,那么就要带着他们去接触水,在水中进行一些活动,当接触的次数多了,他们对水也就不那么恐惧了。女孩也要尝试用这种方法对待自己,帮助自己战胜恐惧。

如意大学毕业之后开始从事推销工作,因为一次次地陌生拜访,又一次一次地被拒绝,甚至还被一些客户以恶言恶语对待,如意的心理发生了变化。她从一开始害怕敲门到现在恐惧敲门,最终不得不辞掉这份工作。有时候,如意来到亲戚家串门,在敲门之前也会犹豫不决,生怕自己会得到不好的对待。意识到自己的状态出现异常,如意决定寻求心理医生的帮助。

心理医生得知如意恐惧敲门的原因之后,对如意进行了心理引导,并且解开了如意心中的疙瘩。原来,如意之所以不敢敲门,就是害怕被客户拒绝,使自己无法与客户面对面地交流,也无法进入客户的空间。

心理医生告诉如意:"你现在就站在门外,即使被拒绝,对于你而言,最糟糕的结果也就是维持现状。既然你此时此刻不畏惧站在这里,又为何会害怕被拒绝之后站在这里呢?"心理医生的话解开了如意的心结,她最终意识到原来最糟糕的情况莫过于现在，每次敲门就意味着获得了一个新的机会，反而代表着希望。如意不再害怕敲门了，她调整好心态，把敲门作为自己获得成功的一个崭新契机。每次敲门时，如意都非常慎重，虽然她依然会在敲门之前想好自己的说辞，但是她对待敲门的态度已经发生了截然不同的变化。在有了这样的转变之后，如意继续挑战销售工作，出乎她的预料，她的销售业绩节节攀升，她在年底的时候还被评选为整个行业的佼佼者呢！

作为女孩，我们也要向如意学习，要知道自己恐惧的到底是什么。如果我们恐惧的是改变，那么我们要知道只有改变才能够获得生机；如果我们恐惧的是现状，那么我们就要知道只有勇敢地尝试才能打破现状；如果我们恐惧的是失败，那么我们就要知道失败是成功之母。通常情况下，我们之所以对一些事物感到恐惧，是因为我们对这些事物缺乏了解，或者对这些事物没有把握。从这个意义上而言，我们必须明白失败了要面对怎样的结果，这样我们就可以把自己置之死地而后生。

很多女孩不能获得成功，都是因为被恐惧阻碍了前进的脚步，不能发挥出自己的全部潜能。接下来，女孩要做的就是挖掘自己所有的潜能，战胜自己内心的恐惧，全力以赴地做好自己该做的事情。心理学家证实，每个人都有无限的潜能，但是因为受到心理上某些障碍，大部分潜能都处于休眠的状态。一旦女孩能够激发自己的一部分潜能，女孩的能力就会爆发出来，也就会让自己发生奇迹般的改变。

第09章　情商高的女孩有胆识，决不让恐惧阻碍自己前行

挫折不是绝境

　　面对挫折，如果我们因为恐惧而选择逃避和畏缩，那么我们就连失败的机会都没有了。这也就意味着我们无法从失败中汲取经验和教训，无法在战胜挫折的过程中磨炼自己的精神和意志，也就注定了我们将会一败涂地。在漫长的人生道路上，每个人都会感受到幸福和快乐，每个人也都会经历挫折和磨难。在感受到幸福和快乐的时候，我们会觉得时间过得很快，我们会希望时光流淌得慢一点。在经受挫折和磨难的时候，每一分每一秒对于我们来说都是煎熬，尤其深陷痛苦时，简直是度日如年。但是不管怎样，时间都在以它的脚步往前走。不管我们是感到开心快乐，还是感到痛苦难熬，时间都滴滴答答地走着，不因为任何人而快一分，也不因为任何人而慢一秒。虽然时间如此残酷无情，但是有的时候我们却要感谢时间，正是因为时间这样流逝，我们才能熬过那些难熬的时光。

　　在经历挫折的时候，放弃不是最好的方式，拼尽自己的全力努力地熬着，也许就会战胜挫折。对于挫折，很多女孩采取对抗的态度，觉得挫折是生命中的异常状态，想要排除挫折。实际上，挫折是生命的中最正常的一部分，如果我们能够接纳挫折，我们的内心就会更温暖平和。我们可以把挫折视为生命赐予的一件礼物，因为挫折将会点燃我们内心的热情，激发我们无穷的潜力。在挫折的境遇之中，很多人反而一改常态，

从平庸无奇到爆发力量,最终获得了成功,这正是挫折创造的奇迹。

对于最终一事无成的人来说,挫折或许是一场噩梦,但是对于那些真正获得成功的人来说,挫折却是他们辉煌的过去。从这个意义上而言,挫折到底是我们生命中的一个疤痕,还是我们生命中值得炫耀的弹孔呢,这其实是由我们决定的。例如,伟大的发明家爱迪生在发明电灯的时候尝试了1000多种材料,进行了7000多次实验,如果他最终没有发明成电灯,那么这样的不断尝试也许会是他人生之中的一个遗憾。幸运的是,他尝试的次数足够多,坚持的时间足够久,最终他发明了电灯,为整个世界带来了光明,所以这样的挫折和尝试对他而言是辉煌的过往。相反,如果爱迪生在发明电灯的时候失败了几次就不愿意再坚持了,那么整个人类都要度过更加漫长的时间才能进入光明的世界,古往今来,还有很多伟大的人都能做到勇敢地面对挫折,所以他们才能在成长的道路上坚持不懈,勇往直前。

挫折就相当于我们走路的时候不小心摔倒了,虽然有的父母会着急忙慌地扶起摔倒的我们,也有的父母会赶紧告诫我们绕道而行,但是我们对于挫折应该有自己的态度。如果我们看到一座山绕开了,那么山永远都会在那里。在中国古代,愚公就给出了最好的答案,因为大山挡住了他们的去路,他居然决定搬走大山,而且要动员子子孙孙的力量。尽管很多人都认为愚公的想法是不可能实现，对此嗤之以鼻，但是愚公始终坚持以老迈之身与大山博弈。最终，愚公的门前一片坦途。由此可见，即使面对不可能实现的事情，我们也要勇敢地尝试，这样才能在人生的道路上走得更远。

在黎明到来之前，黑暗是更加深重的，只要我们能够挺过至暗的时刻，就能够迎来黎明和光亮。面对挫折，我们要将其视为成功前的黑暗，始终坚信光明总会到来，世界不会永远沉浸在黑暗之中。英国文学家雪莱曾经说过，冬天已经来了，春天还会远吗？面对挫折，我们也应该有这样积极乐观的态度，要相信一切总会好转的，这样才能够继续坚持下去。

在遇到困难的时候，我们决不能轻言放弃，要相信坚持到底就能够打败困难。退而言之，即使我们坚持到底，没有真正地战胜挫折，至少也可以从中汲取经验和教训，让自己变得更加强大。一切的成功，一切伟大的成就，都与坚持不懈密切相关。在这个世界上，并没有真正的强弱之分，只是因为人们对于挑战的态度不同，所以才有了不同的结果。既然如此，高情商的女孩们为何不让成自己成为真正的强者呢？世上无难事，只要肯攀登，世上也没有真正无法超越的困难和障碍，只要我们怀着必胜的信心。

吃过苦才知道甜

　　这个世界上如果没有丑，就无所谓美，如果没有苦，就无所谓甜。女孩们应该知道很多事情都要经过对比才会让我们的感受更加鲜明。所以面对人生的苦难时，我们不要抱怨苦难让自己不堪重负，而把苦难作为人生中至关重要的考验去对待。只要我们能够通过这样的考验，我们就会变得更加强大；只要我们能够吃更多苦，我们就会感受到更多甜。

　　现代社会中，很多孩子都不能吃苦，这并不是因为他们的能力有限，而是他们的父母导致的。在大多数家庭里都只有一个孩子，父母对孩子非常关爱，捧在手里怕摔了，含在嘴里怕化了，恨不得代替孩子做好所有的事情，而不愿意让孩子吃任何苦。长此以往，孩子对父母形成了强烈的依赖性，他们必须在父母的保护下才能够健康快乐地成长，一旦离开父母的保护，他们就无所适从。不得不说，这对孩子的成长而言是极其不利的。父母理应为孩子考虑更为长久的生存，父母教育孩子的终极目标是孩子能够独立地面对生活，开创属于自己的人生。所以在养育孩子过程中，父母要循序渐进地对孩子放手，也要有意识地给孩子提供一些吃苦的机会，让孩子真正感受到苦涩。曾经有一个伟大的教育学家说，现代社会的孩子不是吃苦太多，而是吃苦太少。如果没有上好人生的必修课，经历挫折和苦难，孩子们的身心很脆弱。如今，很多孩子都有一颗玻璃心，经不起任何打击，与他们小时候吃苦不足是有密切关系的。

古人云，天将降大任于斯人也，必先苦其心志，劳其筋骨，饿其体肤，空乏其身，行拂乱其所为，所以动心忍性，增益其所不能。这句话告诉我们：每个人要想做出伟大的事业，必须经历普通人所不能吃的苦，忍受普通人所不能忍受的磨难。对于每个人而言，人生都是一个持续奋斗的过程，如果在这个过程中我们掉链子了，缴械投降了，那么也就不能迎来真正的柳暗花明。真的勇士敢于直面惨淡的人生，真的勇士也敢于消灭人生中的一切艰难困苦。

人有悲欢离合，月有阴晴圆缺，一年也有温度不同、各有特色的四季。在人生的道路上，我们要想感受到幸福与快乐，就要做到既能经受挫折与失意，也能品味苦涩与无奈。每个人的人生都不是一帆风顺的，生命只有经历苦难的洗礼和考验，才能凤凰涅槃，浴火重生。在面对人生中各种艰难坎坷的境遇时候，女孩们一定不要畏惧，而是要踩着失败的阶梯前进，也要能够在心灰意冷之际重新燃起对生活的信心和希望。

在动物界，很多动物在出生的时候就要吃苦。例如，蝴蝶在出生的时候要突破厚厚的茧的包裹，才能够从茧中脱离出来；小鹿在出生之后会被鹿妈妈一脚一脚地踢翻在地，在挣扎着爬起来之后，又被鹿妈妈踢倒，这是妈妈在锻炼小鹿的生存能力，为的是让小鹿在任何情况下都能保持快速奔跑的能力；

雄鹰为了训练雏鹰飞翔，会把雏鹰从悬崖上推落，有些雏鹰不能经受这样的考验，就掉落悬崖摔死了，而那些能够经受住考验的雏鹰则展翅高飞。

对于真正的强者而言，痛苦是一种磨难，也是力量的源泉；对于弱者而言，痛苦是一种折磨，也是力量的消散。痛苦能够使人的意志变得更加坚强，也让人内心充满了奋斗的动力。在经历了痛苦的洗礼之后，人们会更加热爱生命，更加珍惜生命，也会为自己铸就辉煌灿烂的人生。

在第二次世界大战期间，伊丽莎白唯一的儿子去了战场。有一天，她突然接到一封电报，这封电报宣告了她儿子的死讯。失去了唯一的儿子，伊丽莎白感到非常痛苦，她担心儿子在天堂会孤单恐惧，恨不得和儿子一起死去。也许是为了缅怀儿子，伊丽莎白开始整理儿子的遗物，发现了儿子在很久之前就写好了留给她的一封信。在这封信上，儿子对伊丽莎白说："无论我身在何处，都希望你能够勇敢地生活，都希望你能够承受命运的苦难。"伊丽莎白反复地读着儿子的信，想起了自己昔日对儿子的教诲，也感受到了儿子对她深沉的爱。

原来，儿子早在上战场之前就知道自己有可能回不来了，他担心妈妈失去了他之后，无法面对孤独的生活，所以就提前写好了这封信留给妈妈。伊丽莎白知道儿子对她的爱有多么深，最终打消了自杀的念头，她反复地告诫自己："即使为了儿子，我也要好好地活下去！"在这么想了之后，伊丽莎白终于接受了儿子的死讯，也终于带着悲伤重新开始自己的生活。

人生中会有非常美丽绚烂的景色，也会有让人不堪面对和不忍直视的残忍。我们既要感受生命的快乐和幸福，也要学会承受生命残酷的打击。当遭遇突如其来的灾难时，我们不应该选择放弃，而是应该想方设法地活下去。俗话说，留得青山在，不怕没柴烧。只要我们坚强勇敢地活下去，就还有希望；只要我们坚强勇敢地活下去，就还能创造未来。时光从来不会倒流，发生了的事情也不会改变，这使得我们不得不面对残酷的现实。与其始终深陷在痛苦之中，折磨自己也折磨他人，不如在宣泄痛苦之后勇敢地和痛苦告别，活好人生中剩下的每一天。

很多女孩都怕吃苦，面对学习上需要付出很多时间和精力的现状，她们都想逃避。但是正是因为这种逃避的心态，使得她们学习不好，将来长大成人之后也不能有好的结局和归宿。台湾有位大名鼎鼎的作家曾经说过，怕苦苦一辈子，不怕苦苦一阵子。如果女孩们能够从现在开始发挥不怕苦的精神，全力投入学习，用知识来充实自己的灵魂，强大自己的人生，那么女孩在将来就会拥有更美好的未来和人生。

第10章

情商高的女孩会理财，幸福生活从点滴积累中来

我可以利用业余时间为同学提供代跑腿服务啊！

送雨伞

生意越来越好了,我们可以考虑开间公司了。

爸妈,这是我大学业余时间挣的钱!

第10章 情商高的女孩会理财，幸福生活从点滴积累中来

不当拜金女

古往今来，关于金钱，很多人都有自己的看法。有人视金钱为粪土，有人却为了追求金钱而不择手段。现代社会发展得非常快速，经济水平的提升更是使人对于金钱比以往更加看重。然而，如果对金钱没有正确的理解和认知，女孩们很容易就会迷失在金钱之中。例如，有些女孩盲目地拜金，为了嫁给有钱人不惜想尽一切办法。其实，她们的终极目标是让自己摆脱穷人的身份，一夜暴富。对于这样的女孩来说，她们付出了爱情，甚至以一生的幸福为代价，却未必能够得到自己想要的结果。

曾经有一个女孩在一档热播的婚恋节目上说自己宁愿坐在宝马车里哭，也不愿意坐在自行车上笑。其实，她还没有坐在宝马车里哭呢，根本不知道坐在宝马车里哭的女人有多么孤独寂寞，又有多么懊悔烦恼。如果她真正有过那样的生活体验，那么我想她可能更愿意选择和所爱的人骑着一辆自行车，在晚风吹拂中自由地欢笑。

对于金钱，大文豪莎士比亚曾经说过这样一段话：金子闪闪发光，黄黄的金子是多么宝贵呀，金子是邪恶的，拥有无穷的力量，只要一点点金子就能够颠倒黑白，颠倒美丑，颠倒对错，颠倒尊贵和卑贱，就能够让老人变成轻狂的少年，就能够让懦夫变

成真正的勇士。从莎士比亚的这段描述中，我们不难看出金钱的力量是多么强大，同时也是多么可怕。它既能够产生正面积极的力量，也会产生消极负面的力量，使人迷失在金钱的世界中。

很多女孩因为成长的经历、人生的经验不同，所以还没有形成正确的价值观。在面对金钱的时候，她们很容易受到诱惑。有些女孩之所以做出拜金行为，就是因为没有形成金钱观。我们可以理解年轻的女孩在金钱面前不能把持自己，但这并不意味着我们要放纵女孩臣服于金钱，因为一旦女孩臣服于金钱，她们就不能坚持自己认为对的事情，就会在金钱中迷失自己，迷失人生的方向。

女孩当然可以追求财富，毕竟在现代社会中，没有钱是万万不能的。我们做很多事情都需要用到钱，只有拥有足够的钱，我们才能维持自己正常的生话。但是，钱却不是万能的。例如，钱能买来床，却买不来睡眠；钱能买来药品，却买不来健康；钱能买来房子，却买不来家；钱能买来陪伴，却买不来感情；钱能买来效劳，却买不来忠诚。总而言之，钱能买来的东西很多，钱不能买来的东西更多，只有在这其中进行正确理性的思考，坚持正确地衡量，女孩才能对金钱持有积极正确的态度。

在中国，有一句俗语叫作"有钱能使鬼推磨"。这句话与莎士比亚对于金钱的评价不谋而合，两者都能够体现出金钱强大且邪恶的力量。金钱居然能够驱动魔鬼，这种说法虽然很夸张，但是在现实生活中，很多人多因为受到金钱的驱使而变成了真正的魔鬼。如果女孩在成长的过程中为了盲目地追求金钱而形成了金钱至上的思想。那么女孩就会过于看重金钱。但是，女孩都太年轻了，她们即使拥有很多钱，也不能驾驭金钱，因而导致拜金行为的出现。有些女孩甚至因此而放弃自己做人的原则和底线，变得恬不知耻，这是现代社会中非常悲哀、非常可怕的一种现象。

在学校里，也有很多女孩受到金钱的影响，如她看到个同学使用名牌的产品，穿着名牌的衣服，就会非常羡慕。如今，很多孩子小小年纪就开始使用手机，所以当看到同学拿着名牌手机的时候，女孩也会很羡慕。在这种情况下，父母要对女孩加以引导，让女孩知道金钱虽然有很多用处，但却不是万能的，也要让女孩知道量体裁衣、看菜吃饭的道理，要根据自己的经济情况量入为出，进行理性消费，这样才能避免女孩为了获得更多的金钱而误入歧途，也能避免女孩陷入欲望的深渊。

俗话说，君子爱财，取之有道，对于女孩而言，当然可以追求财富，热爱财富，只要讲究方式方法，就能够成为财富的主宰。只要不盲目拜金，女孩追求财富就是无可厚非的。

大名鼎鼎的成功学大师拿破仑·希尔曾经创作了《思考致富》这本书。在这本书中，他列出了12条致富之路，这12条致富之路都是他在采访了众多名人之后提炼出来的。在这12条之中，金钱只占据了这12条的最后一条，由此可见，拿破仑·希尔并不认为金钱在人生中是排在最前面且最重要的。与金钱相比，前面的11条都是关于精神、品质、心态及精神的。从某种意义上来说，人在精神方面的追求决定了人将会拥有多少财富，人在精神方面的把控能力也决定了人是成为金钱的主人还是成为金钱的奴隶。女孩要想真正地主宰和驾驭金钱，就一定要对金钱有正确的认知。虽然需要钱，却不盲目地追求钱，虽然想要创造财富，却不会不择手段。当女孩做到自尊自爱、自强自立的时候，女孩就成为了真正的人生强者，也会成为金钱的主人。

学会理财

若干年前，即使作为成人也很少接触理财知识，这是因为当时人们普遍都很贫穷，并没有多少财产可以用来理财。现代社会中财富发展的速度很快，社会经济发展水平越来越高，人们拥有了大量财富。在这种情况下，即使作为普通人家，也会接触到理财，需要运用理财的知识为自己创造更多财富。

父母要有意识地培养女孩理财的意识，要让女孩知道人除了可以通过努力工作来赚钱之外，还可以通过理财的方式以钱生钱，也就是让鸡下蛋。在这种情况下，财富就会源源不断地产生。女孩懂得的理财知识越多，掌握的理财方法越多，也就越是能够通过自己现有的金钱为自己带来更多的收益。有些父母忌讳在女孩面前谈钱，认为谈钱很俗气。现代社会中，钱已经

第10章 情商高的女孩会理财，幸福生活从点滴积累中来

成为每个人都必须面对的东西，如果父母在女孩面前逃避谈钱，那么女孩对金钱就会没有概念，这对女孩的成长是极其不利的。

对于父母迫不及待地想要为自己普及理财知识，教会自己理财方法，有些女孩感到疑惑不解。她们认为自己衣食不愁，年纪还小，无需过早地学会理财，也因为自己没有多少财可以理，所以对这件事情并不关心。女孩的这种想法是错误的，对于女孩而言，如果有机会从小就学会理财，那么她们就会拥有更高的财商。和那些长大之后才开始有意识地接触理财知识的女孩相比，这样的女孩将有更多的可能性获得成功，也将有更多的可能性获得财富，所以女孩理财宜早不宜晚。

对于培养孩子理财的知识，有些父母也存在误解。他们认为孩子小时候要以学习为唯一的重任。为此，父母为孩子们提供丰厚的物质条件，让孩子吃好喝好，也为孩子提供学习的便利条件，让孩子在学习方面有更好的环境和成长的氛围。他们认为孩子只要学习好，长大之后能够考上好大学，有一份好工作，就会有不错的前途。实际上，孩子是否聪明，学习成绩好不好，与孩子将来拥有怎样的生活并不是绝对呈现正相关的。有些女孩尽管不聪明，学习成绩不是出类拔萃的，但是她们情商很高，了解理财的知识，小小年纪就开始为自己聚集财富，也能够运用各种方式让自己获得更多的财富。相反，那些一心只读圣贤书的女孩，即使已经读到博士毕业，对于理财也没有任何概念，那也不会很好地管理金钱所以即使父母不教，女孩也可以主动了解和学

习更多的理财知识，让自己在理财方面有更突出的表现。

理财是生活中的事情，而不要觉得理财离自己很遥远。理财并没有门槛，有些女孩觉得自己只有几百或几千的压岁钱，不值得理财，事实当然不是这样的。钱少越需要理财，对于那些富人而言，损失一些理财的利息并不会起到很大的影响，但是对于女孩而言，如果损失了理财的利息，累积起来也会是笔相当大的损失。所以，不要嫌弃那些利息微不足道，凡事都要不断地积累才能产生更好的效果，理财也是如此。在理财的过程中，女孩还应该让自己养成精打细算、合理消费的好习惯。

那么，女孩有哪些发渠道学习理财知识呢？

（1）父母是女孩最好的老师。在任何方面，父母都是孩子的老师，如果父母本身已经掌握了一些理财知识，那么也会自然而然地就会教授给女孩一些理财知识。在对一些理财知识产生疑问的时候，女孩要积极地对父母提问。有的时候，如果父母本身也不懂得理财知识，那么女孩还可以向自己其他的长辈或者是老师请教。

（2）女孩要学会保管自己的财物，这样才能为理财做好准备。在女孩很小的时候，父母就可以为女孩准备一个存钱罐，让女孩把自己平日里用不到的零花钱都放到存钱罐里，这样女孩就可以形成理财的观念。如果女孩不管有多少钱都会消费一空，那么即使长大成人之后拥有很多钱财，女孩也不会学习理财。等到女孩渐渐长大之后，父母还可以帮助女孩在银行里开设账户，让女孩把自己分到的钱都存在账户里。在此过程中，女孩看着自己账户的钱变多或者变少，收获自己人生中的第一笔利息对她们而言都是很大的激励。当尝到甜头之后，女孩会自发地积累更多的理财知识，不断提高自己的理财能力。

用劳动创造财富

很小的孩子就知道劳动最光荣，这是因为劳动能够为我们创造财富，也能够帮助我们实现人生的价值和意义。女孩从小就要养成热爱劳动的好习惯。当女孩们坚持用自己的双手创造财富，让生活变得更加充实精彩时，女孩的内心一定会非常骄傲和自豪；当女孩坚持用自己的双手打扫居住的环境，让目之所及都赏心悦目时，女孩也会觉得神清气爽，似乎心情都变得越来越好了。在劳动的过程中，女孩还可以积累更多的人生经验，丰富自己的人生阅历。热爱劳动的女孩知道凡事只能靠自己，只有靠着自己的努力才能开创美好的未来，只有靠着自己的努力才能让人生拥有无限的精彩。

遗憾的是，在现实生活中，很多女孩都被父母骄纵宠爱成了不折不扣的小公主，虽然她们在生活中的衣食住行等方面的需求都得到了满足，但是她们自己从来不动手，这是因为她们只会依赖父母。在这样的情况下，女孩们渐渐养成了衣来伸手、饭来张口的坏习惯，既没有体会到劳动的辛苦，也没有体会到劳动的艰难，更没有体会到劳动带来的成就感。长此以往，女孩不但缺乏自理能力，过于依赖父母，还有一个非常明显的特点，就是不懂得感恩。因为女孩已经习惯了享受现成的一切，既然没有亲身感受到父母为他们做好这一切付出了多少努力和艰辛，也就不会对父母心怀感恩。

由此可见，劳动不但可以创造了财富，还可以培养女孩的感恩之心，所以明智的父母在养育女孩的过程中不会坚持富养女儿，而是会让女孩做更多的事情，亲身体验不同的劳动，也让女孩知道劳动的辛苦和不易。只有在这样的情况下，女孩才会知道家里的钱不是大风刮来的，家里优渥的生活条件不是从天而降的。她们会感受到父母的辛苦和付出，对父母心怀感谢，满怀感恩。当他们这么想的时候，就会试图为父母分担劳动的负担，还会积极主动地帮助父母做一些力所能及的事情，也会在家庭生活中给予父母更多的理解和体谅。这样的女孩不但具有很强的动手能力，而且身心健康，会形成优秀的品质。

学校里几乎没有人不知道宋冰的名字。原来，宋冰是学校里的跑腿王。她的家庭生活条件很困难，来到大学校园之后，她拿着父母辛辛苦苦凑来的钱交了学费之后，就只剩下很少的钱，只能维持一个月的生活。她想到要做一些兼职，刚开始的时候，宋冰做的都是很普通的兼职，薪水不高，而且时间是固定的，兼职的时间常常与学习的时间发生冲突。宋冰虽然知道自己必须赚钱养活自己，但是她也知道自己最首要的任务是好好学习。

有一个周末，同宿舍的一位同学让宋冰帮忙代买一份快餐，还坚持要给宋冰跑腿费。宋冰灵机一动，突然想道：我为何不提供代跑腿服务呢？这份工作时间很自由，我完全可以利用下课的时间进行，而且生意一定会很好呢！这么想着，宋冰用自己仅剩的钱去买了一部二手手机，还打印了很多宣传页，张贴在学校各处进行推广。

第一天开始营业，宋冰就有了订单。她要帮一位男生去买一把雨伞，因为天下雨，这位男生被堵在图书馆里，没法回宿舍了。宋冰飞快地跑去买伞，又飞快地冲到图书馆门口，把雨伞递给了这个男生。很快，宋冰就凭着诚信高效的特点，在学校里被人所熟知。

每当到了周六日，宋冰的生意更加火爆。有些同学留在宿舍里或是看书，或是完成作业，又或是做一些重要的事情，因而不想出门买饭吃。所以，宋冰的业务越来越繁忙。随着业务扩展的范围越来越大，宋冰还规定了不同的收费标准。后来，代跑腿业务实在太多了，宋冰就雇了几个同学，帮助她一起代跑腿。到了大二，宋冰索性注册了一家公司。宋冰的公司开得轰轰烈烈，一个学年下来，她不但赚够了下一个学年的学费和生活费，还积攒了一些钱。她把这些钱都给了爸爸妈妈，支持爸爸妈妈买化肥。看到别人家的孩子上大学都花很多钱，宋冰却还赚钱回家，爸爸妈妈欣慰极了。

孩子如果从来不知道生活的艰辛，就不知道父母用劳动为他们提供优渥的生活条件付出了多少努力，也不知道对父母感恩。在这个事例中，宋冰从上大学开始就自己养活自己，在跟父母要了第一年的学费之后，她赚了钱，还给了父母很多钱。这是因为在做生意的过程中，宋冰深切地感受到生活不易，因而对父母也更加感恩。当能够靠着自己的劳动能力创造财富的时候，宋冰快速地成长起来，也越来越有生意头脑。

有的女孩从小娇生惯养，可以适当地在大学生活之余做兼职，这样既能够体会生活的艰难和不易，又能培养自己的感恩之心。最重要的是，女孩在打工拼搏的过程中还能学会更多的劳动技能，也学习很多与财富有关的知识。俗话说，穷人的孩子早当家，当女孩能够很好地驾驭金钱，她们的成长就会一日千里。现代社会，女性的地位越来越高，已经与男性平分秋色了。所以女性不要再认为自己就应该娇弱柔嫩，而是应该更加独立自强。当女性创造出更多的财富，她们就会更加自信，也会相信自己能够创造奇迹。

坚持聪明消费

现代社会，人们的生活条件越来越好了，和以前大多数家庭经济紧张相比，如今很多家庭里都会有一些闲钱，这就使得父母会给孩子一些零花钱。很多女孩从小就不缺钱，每当想买东西的时候，父母或者会第一时间就满足女孩的需求和欲望，或者会给女孩一些钱，让女孩自行选购，这使得女孩与金钱接触的机会越来越多。正是因为看到孩子们的手中把握着大量金钱，所以很多商家动起了女孩的心思。为了吸引女孩慷慨地向他们购买各种东西，商家绞尽脑汁地为女孩提供丰富多样的产品，有的时候还会创造一些新产品或者以次充好来骗取女孩口袋里的钱。很多女孩对金钱毫无概念，在买东西的时候不懂得考察东西的质量，只要价格合适，她们就会慷慨解囊，还误以为自己赚了大便宜，其实却买了不好的东西，吃了大亏。

小时候，很多父母会为女孩买好所有需要的东西，从来不让女孩使用金钱，也刻意减少女孩与金钱接触的机会。这么做看起来是在保护女孩，实际上却会使女孩缺乏金钱观念，不能养成合理消费的意识。为了让女孩学会理性消费，父母要给女孩更多的机会进行消费尝试。如果父母从来不让孩子接触钱，孩子如何才能养成合理消费的好习惯呢？

在为孩子提供消费的机会之后，如果孩子在消费的时候不能进行正确的选择，父母还要引导孩子进行选择。有些孩子盲目地认为贵的就是好的，所以他们买东西不选对的，只选贵的；也有些孩子认为便宜的就是好的，所以他们买东西的时候不看东西的质量，只盲目追求低价。不管走到哪个极端，孩子在买东西的时候都会陷入误区。

在女孩们尝试进行消费的时候，父母要给女孩确定一个原则，那就是要货比三家，追求最高的性价比。很多女孩不理解性价比的意思，所谓性价比，就是在保证质量的情况下花更少的钱，或者在固定的价格之下，寻求更高的质量。总而言之，就是要让钱花得物超所值，具体的方式就是货比三家。货比三家，既可以帮助女孩选到最优质的产品，也可以帮助女孩找到最低廉的价格。此外，通过不断比较，反复与卖家沟通，女孩可以对产品更加了解，从而从门外汉变成半个专业人士，不但知道了产品的特性，还了解了产品的市场行情，这样女孩就能够做出理性的选择。在购物的时候，女孩一定要注意，不要盲目地占便宜。天上从来不会掉馅饼，世界上也没有免费的午餐，有些女孩为了占便宜，在不知不觉间吃了大亏。生活中，很多爱占小便宜的人都常常上当受骗。女孩要避免这样不理性的消费行为，避免被"大甩卖""跳楼价"等噱头欺骗。

具体来说，女孩如何才能坚持聪明消费呢？要做到以下三点。

首先，在消费之前要预先做好规划。虽然金钱可以为我们购买很多东西，但是金钱的用途不仅仅在于消费，而是还有其他的用途，如帮助他人，做一些公益事业等。为了让每一分钱都用到刀刃上，起到最大的作用，女孩们在购物之前应该先预先做好规划。有些女孩购物非常随性，如去超市，她们看到什么东西都拿起来放在购物车里，或者在网购的时候，不知不觉间就严重超支。如果女孩总是这样消费无度，就会因为消费不合理而承受到巨大的经济压力。所以应该在制订计划的时候就预先做好规划，明确自己应该花哪些钱，不应该花哪些钱。例如去超市之前可以预先列好购物单，到了超市直奔目标，买完所需要的东西就当即离开，从而减少琳琅满目的商品对自己产生诱惑。

其次，女孩要具有顽强的意志力，不要因为网络促销或超市大甩卖就迷失自我。要知道，世界上从没有免费的午餐，更没有天上掉馅饼的好事情，越是面对那些看似诱人的诱惑时，女孩越是应该擦亮眼睛，保持理智的头脑，这样才能避免掉入消费的陷阱，坚持做最聪明、最理性的消费者。

最后，女孩要对金钱进行统筹安排和规划。很多女孩都是月光族，甚至是"负翁"。她们会在发工资的几天内就把整月的工资都花得干干净净，接下来只能靠着透支信用卡和省吃俭用度日。如果女孩能够学会一些理财知识，对于自己每个月的收入进行合理分配，如固定的收入用于日常消费，固定的收入用于储蓄，固定的收入用于理财。这样女孩在购物的时候就会更加有节制。虽然金钱能够为我们带来很多快乐，但是有些快乐是与金钱无关的，女孩应该更加注重提升自己内在的修养，丰富和充实自己的精神世界，这样才不会被金钱奴役。

不攀比，不浪费

现代社会中，经济发展的速度越来越快，人与人之间在职场上的竞争也越发激烈,这使得社会生活的贫富差距加大。很多女孩非常好强,在人际交往的过程中,她们因为自尊心过于强烈,又因为好胜心比较重,所以总是试图和别人比较,从而导致了攀比、浪费等行为。有的时候,女孩明明不需要某一个东西,却因为看到他人有,就盲目地购入。有的时候,她们与人交往明明可以适当让步,就为了怕自己吃亏或者是被他人看低就表现得非常强势。长此以往,女孩们不知不觉间消耗了大量金钱,也消耗了心力。

在物质追求方面,如今有很多女孩都非常崇尚物质追求,喜欢享受。在日常生活中,有些女孩没有充实的心灵,生活也非常空虚,所以她们几乎每时每刻都在与他人攀比,都在浪费金钱和物质。她们会比谁穿的衣服更昂贵,谁吃的用的东西更精致,谁的化妆品更高级,谁去了更遥远的国度旅行。但是,她们很少比较谁比自己更努力,谁比自己更脚踏实地。她们误以为只有在奢华的物质享受之中,青春才能够绚烂绽放,自己也才能真正实现对于人生的追求。实际上,她们的想法大错特错。很多时候,贵的并不一定是好的,只有选择自己适合自己的,才是最好的。女孩们要戒掉攀比心理,选择适合自己的东西,而不要仅仅依靠价格来判断一件物品的价值。

很多女孩之所以喜欢攀比,是因为她们从小就衣食无忧,享受着家里所有的优质条件,又因为父母总是竭尽所能为女孩提供最好的一切,所以在不知不觉之间,女孩的消费就会很高,对生活的享受和追求也会更提出更高的要求。例如,有一个著名明星就直言不讳地说要富养女儿，所以她把小小年纪的女儿打扮得像公主一样，使女儿从小就习惯了奢侈消费。这对孩子的身心健康绝无好处，还有可能让女孩形成炫富心理。

也有人说要穷养儿子，富养女儿，这样的想法也是错的。不管是儿子还是女儿，为了让他们更好地成长，父母应该给他们提供良好的物质条件，以满足他们的基本生存需要为标准。在某种程度上，父母还要激励孩子不断地努力进取，这样孩子才能表现得更好。如果父母总是打击和否定孩子，那么孩子就会信心全无，也因为家庭生活困难而产生自卑心理；如果父母总是表扬、夸赞孩子，为孩子提供优渥的生活和学习条件，使孩子误以为生活就是顺遂如意的，那么孩子不仅不知天高地厚，还会越来越狂妄自大，目中无人。只有把这两方面结合起来，让两者达到平衡的状态，父母对孩子的教育才能起到最佳的效果。

还有一些女孩之所以爱攀比，是因为她们很爱面子。有些女孩家境贫寒，并没有出生在优渥的家庭环境之中，父母也是很普通的农民或者是工薪阶层，但是她们依然有很强烈的攀比之心。在这样的情况下，女孩难免会对父母提出一些过高的要求，例如让父母给她们购买名牌衣物，或者是手机、笔记本、电脑等。为了满足女孩的攀比需求，父母往往竭尽全力，甚至省吃俭用地节约用钱。其实，女孩因为虚荣心作祟而给父母带来这么大的困扰，是严重的错误。

要想让女孩戒掉攀比的坏习惯，要想让女孩不再因为爱面子而浪费，在成长的过程中，女孩们要坚持做到以下几点：

首先，端正心态，认识到只买对的，不买贵的这个消费原则是正确的，也要明白价格并不是衡量物品品质的唯一标准，或者说某些东西虽然价格昂贵，也的确物超有所值，但是并不符合我们的实际需要。举个例子来说，女孩背书包上学。一两百块钱的书包，只要符合人体工学，能够给女孩减轻书包的压力，保护女孩的脊柱，就能够肩负起重任。有些女孩偏偏要买成千上万元的天价书包，虽然这些奢侈品的确能够代表女孩的身份家庭的经济条件，但是对于学龄阶段的女孩来说，这是完全没有必要的。父母如果经济条件非常好，应该尽量避免女孩在金钱方面与和他人相比而形成优越感，这样女孩才能坚持勤俭节约，养成良好的消费习惯。

其次，引导女孩认识到面子不是最重要的。所谓面子，其实就是他人的看法、意见和态度。对于女孩来说，不管做什么事情，都应该更加关注自身对于这件事情的感受，这样才能摒弃浮华的心态，更脚踏实地地坚持做好自己该做的事情。要知道我们是为自己而活，而不是为他人而活，所以只有保持良好的心态，我们才能活得更踏实。

再次，要营造良好的家庭氛围。父母不要当着女孩的面说其他人的长长短短、与他人进行比较，而是要以身示范，引导女孩更关注自家的生活，更关注自身的感受。当父母在女孩面前表现出活在当下的精神，不在乎他人的看法和态度时，女孩就会向父母学习做人做事，坚持从自身的实际需要出发，而不会盲目地比较。

第10章　情商高的女孩会理财，幸福生活从点滴积累中来

最后，女孩要形成理财的观念。所谓理财的观念，就是让女孩知道自己有哪些钱是应该花的，有哪些钱是应该储蓄下来作为人生第一桶金的，还有哪些钱是应该进行合理投资的。当女孩对于金钱进行了全盘规划，并且能够控制住自己在购物时的冲动，那么女孩就不会经常出现超支的情况，也不会成为不折不扣的"负翁"族。只有坚持聪明消费、理性消费，女孩才能驾驭金钱，让金钱在自己的生活中扮演起不可或缺的重要角色，也能最大化金钱的价值和意义。

现实生活中，有些女孩因为从小娇生惯养就从来不珍惜财物。例如，她们会对学校里的午饭感到不满意。尽管有些同学吃着午饭津津有味，但是这些娇生惯养的女孩却对午饭挑三拣四，不是觉得午饭的味道太淡了，就是觉得午饭的品质太差了，甚至觉得午饭的菜品太少了。如果拥有这样的想法，那么女孩还怎么能够全心投入地享用午餐呢？如果女孩总是把学校里的饭菜倒到垃圾桶里，不但浪费了粮食，也会引起其他同学的不满，这显然是得不偿失的。

每个人都要在人群中生活，从女孩自身的角度来说，应该做到勤俭节约。从人与人交往的角度来说，女孩除了要做到勤俭节约之外，还应该坚持以良好的行为表现赢得他人的尊重和认可。女孩要牢记一点，那就是任何时候都不要让自己脱离群众。很多女孩虽然在家庭生活中养尊处优，但是她们并不会脱离实际的生活，例如在与同学相处的时候，她们会很随意。当女孩既能吃燕窝鱼翅，也能吃街边小吃，才是最可爱的。

参考文献

[1]董亚兰,郭志刚.女孩要有高情商[M].北京:北京理工大学出版社,2018.

[2]董亚兰,郭志刚.女孩要有好习惯[M].北京:北京理工大学出版社,2018.

[3]孙红颖.女孩情商书[M].北京:中国纺织出版社,2014.